数　学

（1）次の式の同類項をまとめて簡単にしなさい。

$$5x - 7y - 3x - 6y$$

（2）$(-4a) \times (-7b)$ を計算しなさい。

（3）　$-x + 3y = 5$ を x について解きなさい。

（4）ノート３冊と鉛筆１本の代金は390円，ノート１冊と鉛筆１本の代金は150円です。このとき，ノート１冊，鉛筆１本の代金はそれぞれいくらでしょうか。

（1）
（2）
（3）
（4）ノート
鉛筆
（5）∠x =
∠y =

（5）$\ell \parallel m$ のときの $\angle x$, $\angle y$ の大きさを求めなさい。

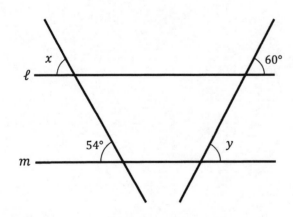

（1） $2x - 6y + 3x + 5y$ を計算しなさい。

（2） $(-6ab) \div 3a$ を計算しなさい。

（1）	
（2）	
（3）	
（4）	
（5） $\angle x =$	

（3） 次の連立方程式を解きなさい。

$$\begin{cases} 4x - y = 9 \\ -x + y = 3 \end{cases}$$

（4） 次の一次関数の式を求めなさい。

グラフの傾きが 3, 切片が −4 の直線である。

（5） 下図は, 頂角が 40° の二等辺三角形です。

$\angle x$ の大きさを求めなさい。

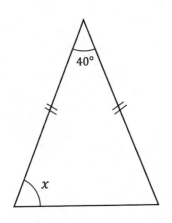

２年　数学

（1）$5(2y + 3z)$ を計算しなさい。

（2）$\dfrac{x}{3} - \dfrac{y}{2} = 1$ を x について解きなさい。

（3）y は x の一次関数で，そのグラフが２点 $(-1, 1)$，
  $(3, 9)$ を通るとき，この一次関数の式を求めなさい。

（1）	
（2）	
（3）	
（4）	
（5）∠BCD=	

（4）コインを１枚投げるとき，裏が出る確率を求めなさい。

（5）□ABCD で，∠ADC = 60° であるとき，
  ∠BCD の大きさを求めなさい。

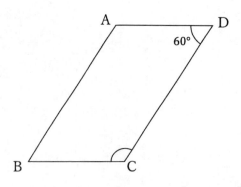

（1）$(7x - 2y) - (5x - 3y)$ を計算しなさい。

（2）$(-2a)^2$ を計算しなさい。

（1）	
（2）	
（3）	
（4）色鉛筆	
鉛筆	

（3）自然数Aを3で割ると，商が m，余りが1になり
　　ます。自然数Aを m を使って表しなさい。

（4）鈴木さんは，1本110円の色鉛筆と60円の鉛筆を合わ
　　せて10本買ったところ，合計800円かかりました。鈴木
　　さんが買った色鉛筆と鉛筆の本数をそれぞれ求めなさい。

（5）$y = \dfrac{1}{2}x - 3$ の直線をグラフに書き入れなさい。

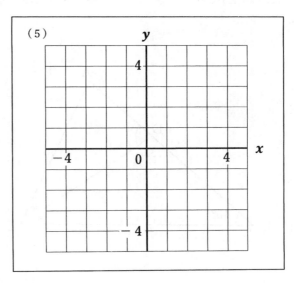

2年　数学

（1）$8xy \div 2y$を計算しなさい。

（2）$\frac{2}{3}xy \div \frac{4}{9}x$ を計算しなさい。

（3）2点 $(-1,1)$，$(2,-5)$ を通る直線の一次関数の式を
　　　求めなさい。

（4）1つのサイコロを1回投げたとき，偶数が出る確率を
　　　求めなさい。

（5）下の図は $BA = BC$ の二等辺三角形である。
　　　$\angle ACD = \angle BCD$ のとき，$\angle ADC$ の大きさを求めなさい。

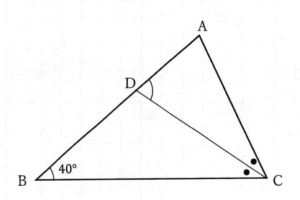

（1）	
（2）	
（3）	
（4）	
（5）$\angle ADC=$	

（1） $\dfrac{x-2y}{3} + \dfrac{x+3y}{4}$ を計算しなさい。

（2） $(-x^2) \div \dfrac{1}{3}x$ を計算しなさい。

（1）	
（2）	
（3）	
（4）	
（5）$\angle a =$	

（3）次の連立方程式を解きなさい。

$$\begin{cases} 3x = 5y - 7 \\ 2x - 3y = -3 \end{cases}$$

（4）A，B，C，D，Eの5人がいます。この5人から部長
と副部長をそれぞれ1人ずつ選ぶとき，選び方は何通り
ありますか。

（5）下の図で，$\angle a$ の大きさを求めなさい。

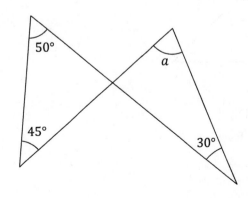

（1）$2(x - 3y) + (-x + 5y)$ を計算しなさい。

（2）$C = \frac{a+2b}{3}$ を a について解きなさい。

（1）	
（2）	
（3）	
（4）	
（5）	

（3）　次の連立方程式を解きなさい。

$$\begin{cases} 3x + y = 14 \\ x = 5y - 6 \end{cases}$$

（4）$x = 4$ のとき $y = 1$, $x = -8$ のとき $y = 4$ である
　　一次関数の式を求めなさい。

（5）下に2つの三角形があります。次のア～ウの場合に必ず
　　△ABC≡△DEF と言えるものを，すべて記号で答えなさい。

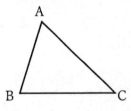 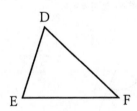

ア、$\angle A = \angle D$, $\angle B = \angle E$, $\angle C = \angle F$

イ、$\angle A = \angle D$, $AB = DE$, $AC = DF$

ウ、$\angle B = \angle E$, $\angle C = \angle F$, $BC = EF$

（1） $8xy \times 6y \div 12x$ を計算しなさい。

（2） $x = 5, y = -8$ のとき, $x^2 - 3y$ の値を求めなさい。

（1）	
（2）	
（3）	
（4）	
（5）	

（3） 次の方程式を解きなさい。

$$3x - 4y + 6 = 5x + y = -8$$

（4） A さん, B さん, C さんの 3 人がじゃんけんを 1 回だけ
するとき, 3 人のグー, チョキ, パーの出し方は全部で何
通りありますか。

（5） 下図で, 2 つの直線 ℓ , m の交点 P の座標を求めなさい。

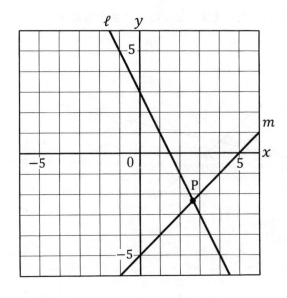

2年 数学

（1）$6xy - 4x + 3y - 2xy + 5x$ を計算しなさい。

（2）$\dfrac{a+3b}{2} - \dfrac{a-b}{3}$ を計算しなさい。

（3）点 $(1,3)$ を通り，直線 $y = \dfrac{1}{2}x + 2$ に平行な直線の一次関数の式を求めなさい。

（4）ある水族館の入場料は，おとな 2 人と子ども 1 人で 1400 円，おとな 3 人と子ども 4 人で 2600 円でした。おとなと子どもの入場料をそれぞれ求めなさい。

（5）3 直線が 1 点で交わっています。∠a の大きさを求めなさい。

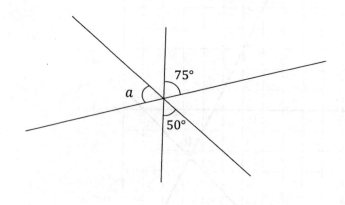

（1）
（2）
（3）
（4）おとな
子ども
（5）∠a =

2年　数学

（1）$a + 3b - \dfrac{2a-b}{5}$ を計算しなさい。

（2）底面の半径が r, 高さが h の円柱の体積 V を文字を
　　使って表しなさい。

(1)
(2)
(3)
(4)
(5) ア
イ

（3）次の連立方程式を解きなさい。

$$\begin{cases} x + y = 20 \\ 0.1x - 0.3y = 6 \end{cases}$$

（4）3枚のコインを投げるとき, すべて裏が出る確率を
　　求めなさい。

（5）□ABCD の頂点 A, C から対角線 BD に引いた垂線をそれ
　　ぞれ AE, CF とする。このとき, △ABE ≡ △CDF であるこ
　　とを証明する文の空らんをうめなさい。

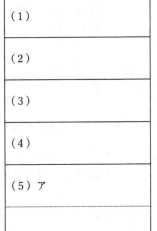

（証明）
　　△ABE と△CDF において,
　　仮定より, ∠AEB ＝ ∠CFD ＝ 90°…①
　　平行四辺形の向かい合う辺は, それぞれ等しいので, （　ア　）…②
　　AB // DC より, 平行線の錯角は等しいので, ∠ABE ＝ ∠CDF …③
　　①, ②, ③より, 直角三角形の（　　イ　　）が
　　それぞれ等しいので, △ABE ≡ △CDF

（1）$(x^2 - 6x + 9) + (x^2 - 4x + 4)$を計算しなさい。

（2）次の連立方程式を解きなさい。

$$\begin{cases} 2(x + y) = 30 \\ 2x - 3y = -5 \end{cases}$$

（3）全長 12 km の道のりを歩きます。平地の道は時速 3 km，坂道は時速 2 km で進み，5 時間かかりました。平地と坂道の道のりをそれぞれ求めなさい。

（4）2 つのサイコロを同時に投げたとき，出る目の数の和が 5 になる確率を求めなさい。

（1）	
（2）	
（3）平地	
坂道	
（4）	
（5）ア	
イ	

（5）右図のような長方形 ABCD の周上を，点 P は毎秒 1 cm の速さで B から C を通って D まで移動します。P が B を出発してから x 秒後の△ABP の面積を y cm² として，y を x の式で表しなさい。

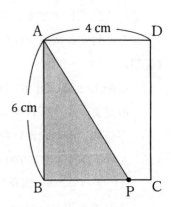

　　　ア、点 P が BC 上にあるとき（$0 \leqq x \leqq 4$）

　　　イ、点 P が CD 上にあるとき（$4 \leqq x \leqq 10$）

/ 5 問

（1） $\dfrac{2}{21}a^2 \div \dfrac{4}{7}a$ を計算しなさい。

（2）次の方程式を解きなさい。
$$5x + y = 3x - 5y + 10 = 11$$

（3）外角の和は，どんな多角形でも同じ大きさになります。
多角形の外角の和は何度ですか。

（1）	
（2）	
（3）	
（4）ア	
イ	

（4）山下さんは，学校から公園まで歩いていき，公園で遊んで
から，走って家に帰りました。学校を出発してから x 分後に
いる地点から家までの距離を y km として x と y の関係をグラ
フに表すと，右下のようになりました。これについて，次の
問いに答えなさい。

ア、公園にいた時間を求めなさい。

イ、学校を出てから 105 分後にいる
地点から家までの道のりを求め
なさい。

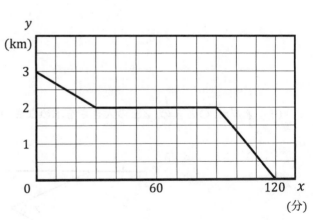

2年　数学

/5 問

（1）$-3n \times (-4n) \div 6n$ を計算しなさい。

（2）2 つの数の和が 80 で，一方の数が他方の数の 2 倍より 14 大きいとき，この 2 つの数の積を求めなさい。

（1）	
（2）	
（3）	
（4）	
（5）$\angle x =$	

（3）$y = -3x + 1$ のグラフと $y = x - 4$ のグラフの交点 P を求めなさい。

（4）3 枚の硬貨を同時に投げるとき，少なくとも 1 枚は表が出る確率を求めなさい。

（5）$\ell \parallel m$ のときの $\angle x$ の大きさを求めなさい。

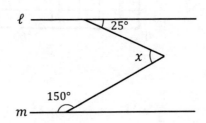

2 年　数学

/6 問

（1）等式 $2x - 3y = 9$ を y について解きなさい。

（2）次の連立方程式を解きなさい。

$$\begin{cases} 2x = 3y \\ 5x - 4y = 14 \end{cases}$$

（3）直線 $y = 2x + 1$ と直線 $y = ax - 4$ の交点を P とする。
点 P の x 座標が -2 のとき，a の値を求めなさい。

（4）内角の和が $900°$ である多角形は何角形ですか。

（5）ある列車が 1200 m の鉄橋を渡り始めてから渡り終
わるまでに，70 秒かかりました。また，この列車が
1900 m のトンネルに入り始めてから出てしまうまで
に 105 秒かかりました。この列車の速さ（秒速）と
長さを求めなさい。

（1）
（2）
（3）
（4）
（5）速さ
列車の長さ

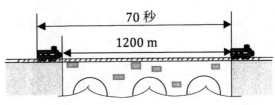

70 秒
1200 m

2 年　数学

（1） $\frac{1}{3}x \times (-6x)^2$ を計算しなさい。

（2） $x = 3$, $y = -4$ のとき，次の式の値を求めなさい。

$$-2(x + 3y) + 3(5x + 6y)$$

（3） 1 個 100 円のリンゴと 1 個 130 円のナシを合わせて
11 個買うと，代金は 1340 円になりました。このとき
買ったリンゴとナシの個数をそれぞれ求めなさい。

（4） ジョーカーを抜いた 52 枚のトランプの中から 1 枚
引くとき，スペードが出る確率を求めなさい。

（5） 右図のような直角三角形 ABC で，点 P は B を出発して，
毎秒 1cm の速さで C を通って A まで，辺上を移動する。
点 P が B を出発してから x 秒後の △ABP の面積を y cm²
として，y を x の式で表しなさい。

　　　ア、点 P が BC 上にあるとき （$0 \leqq x \leqq 4$）

　　　イ、点 P が CA 上にあるとき （$4 \leqq x \leqq 10$）

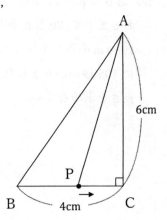

（1）
（2）
（3） リンゴ
ナシ
（4）
（5） ア
イ

（1） $x^2y \div (-2x) \times (-4y)$ を計算しなさい。

（2）下の資料は，あるクラスの生徒 9 人が行った 10 点満点の
数学の小テストの得点である。これについて，第 1 四分位数
・第 2 四分位数・第 3 四分位数を求めなさい

$$6, \quad 3, \quad 5, \quad 9, \quad 10, \quad 5, \quad 1, \quad 8, \quad 9$$ （点）

（3）貯金箱にお金が 2500 円入っています。この貯金箱に
毎日 200 円ずつ貯金をし，x 日後に貯まった金額を y 円
として，x と y の関係を式に表しなさい。

（4）2 つのサイコロを同時に投げたとき，ゾロ目（同じ目）
が出る確率を求めなさい。

（5）右に $y = \frac{1}{3}x + 1$ と $2x - 3y = 9$ の
グラフを書き入れなさい。

（1）
（2）第 1 四分位数
第 2 四分位数
第 3 四分位数
（3）
（4）

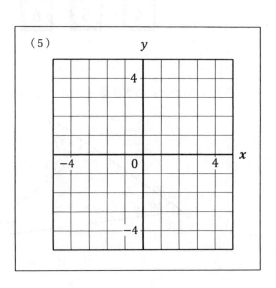

（5）

（1）次の連立方程式を解きなさい。

$$\begin{cases} x - 5y = 3x \\ 2x + 7y = 8 \end{cases}$$

（2）ある店で靴とシャツを買いました。定価で買うと合計
　　金額は 8800 円でしたが，靴は定価の 20%引き，シャツ
　　は定価の 40%引きだったので，代金は 6720 円でした。
　　靴とシャツの定価の代金を求めなさい。

（3）$4x - 3y = 9$ のグラフと x 軸との交点の座標 P を求めな
　　さい。

（4）下のような 3 枚のカードがあります。これらのカードを
　　組み合わせてできる 3 けたの整数が偶数になる確率を求め
　　なさい。

4　5　6

（5）下図で∠a の大きさを求めなさい。

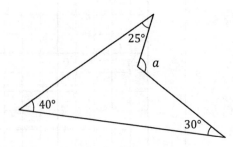

（1）
（2）靴
シャツ
（3）
（4）
（5）∠$a =$

（1）底面の半径が r，高さが h の円錐の体積 V を文字を使って表しなさい。

（2）バスケットボールの試合で，杉本さんは 2 点シュートと 3 点シュートを合わせて 21 本入れ, 50 点をあげました。杉本さんが入れた 2 点シュートと 3 点シュートの本数をそれぞれ求めなさい。

（3）一次関数 $y = 3x - 2$ で，x の変域が $-1 \leqq x \leqq 2$ のとき，y の変域を求めなさい。

（4）ジョーカーを抜いた 52 枚のトランプから 1 枚引くとき，エース(A)をひく確率を求めなさい。

（5）右の図で，直線 ℓ の式は $y = \dfrac{2}{3}x + 4$，直線 m の式は $y = -2x + 8$ である。直線 ℓ と直線 m の交点を A, 直線 ℓ と x 軸との交点を B, 直線 m と x 軸との交点を C とする。このとき $\triangle$ABC の面積を求めなさい。

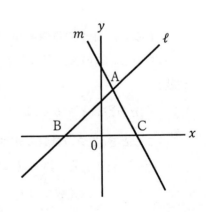

(1)	
(2) 2 点	
3 点	
(3)	
(4)	
(5)	

2 年　数学

（1）次の連立方程式を解きなさい。

$$\begin{cases} \frac{1}{3}x - \frac{1}{2}y = 2 \\ -2x + 5y = -16 \end{cases}$$

（2）y は x の一次関数で $x = 4$ のとき $y = 1$，$x = -2$ のとき $y = 4$ である。この一次関数の式を求めなさい。

（3）野球の試合で，A，B，C，D，E の 5 チームでそれぞれ 1 回ずつ対戦するとき，全部で何試合になりますか。

（4）下の図で印をつけた角の和を求めなさい。

（5）下の文は，2 つの奇数の和が偶数になることを説明している。この文の空らんをうめなさい。

（説明）

　　m , n を整数とすると，2 つの奇数は $2m + 1 , 2n + 1$ と表される。

　　このとき，2 つの奇数の和は，

　　$(2m + 1) + (2n + 1) = （ ア ）$

　　（ イ ）は整数なので，（ ア ）は偶数である。

　　よって 2 つの奇数の和は偶数である。

（1）	
（2）	
（3）	
（4）	
（5）ア	
イ	

（1）$2x\left(4y - \dfrac{1}{3}\right) - \dfrac{2}{3}x(3y + 2)$ を計算しなさい。

（2）変化の割合が -7 で，$x = 5$ のとき $y = -25$ である一次
　　関数を求めなさい。

（3）火をつけると時間に比例して短くなるろうそくがあり
　　ます。火をつけてから 10 分後のろうそくの長さは 8 cm，
　　15 分後の長さは 6 cm でした。x 分後のろうそくの長さを
　　y として，y を x の式で表しなさい。

（4）$\angle A + \angle B < 90°$ である△ABC は，鋭角三角形，
　　直角三角形，鈍角三角形のどれですか。

（5）下の資料はあるクラスの 10 人が 1 週間のうちに
　　行った家庭での学習時間を表している。これについて，
　　範囲と四分位範囲をそれぞれ求めなさい。

| 6， 9， 5， 12， 8， 9， 4， 2， 14， 11 | (時間) |

（1）	
（2）	
（3）	
（4）	
（5）範囲	
四分位範囲	

第21回テスト

/6 問

（1）等式 $4x - 5y = 6$ を y について解きなさい。

（2）グラフが点 $(5, 2)$ を通り，切片が -1 である
　　　直線の式を求めなさい。

（3）2つのサイコロを同時に投げるとき，出る目の和が6に
　　　なる確率を求めなさい。

（1）	
（2）	
（3）	
（4）おとな	
子ども	
（5）$\angle x =$	

（4）ある遊園地の入場者数は1日目がおとなと子どもを合わ
　　　せて540人でした。2日目は1日目よりもおとなが20%増
　　　え，子どもが50%増えて，あわせて204人増えました。
　　　1日目のおとなと子どもの入場者数をそれぞれ求めなさい。

（5）$\ell \,/\!/\, m$ のときの $\angle x$ の大きさを求めなさい。

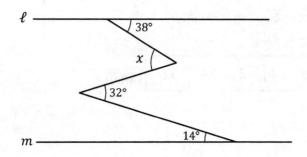

22

2年　数学

（1）次の連立方程式を解きなさい。

$$\begin{cases} 7x - 2y = 9 \\ -4x + 5y = 18 \end{cases}$$

（2）下の資料は，あるクラスの生徒 11 人の 10 点満点の漢字テストの結果である。この箱ひげ図を解答欄にかき入れなさい。

| 2, 3, 5, 5, 6, 7, 8, 9, 9, 10, 10 |

単位：点

（3）x の増加量が 3 のとき，y の増加量が -6 で，$x = 0$ のとき $y = -8$ である一次関数の式を求めなさい。

（4）周囲が 3000 m の池があります。この池の周りを兄は走って，弟は歩いてまわります。同じ地点を同時に出発して，反対方向にまわると，12 分後に出会います。また，同じ方向に回ると 20 分後に兄は弟に追いつきます。兄と弟の速さをそれぞれ求めなさい。

（5）三角形の合同条件を 3 つ書きなさい。

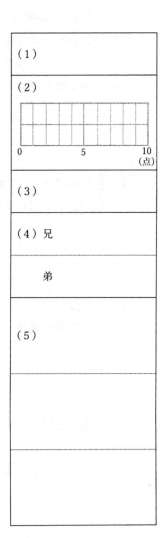

(1)

(2)

(3)

(4) 兄

弟

(5)

2 年　数学

（1）180 g の水に 20 g の食塩をとかしたときの食塩水の
　　濃度は何%になりますか。

（2）自宅から 3500 m 離れた図書館に行くのに自宅から途
　　中の公園までは分速 60 m，公園から図書館までは分速
　　80 m で歩くと，全体で 50 分かかりました。自宅から公
　　園までの道のりと，かかった時間を求めなさい。

（3）変化の割合が −3 で，$x = 3$ のとき $y = −15$ である
　　一次関数を求めなさい。

（4）大小 2 つのサイコロを投げるとき，出た目の和が偶数
　　になる確率を求めなさい。

（1）
（2）道のり
時間
（3）
（4）
（5）ア
イ
ウ
エ

（5）右図の ▱ABCD で，□ にあてはまる数を答えなさい。

AD ＝ [ア] cm

OA ＝ [イ] cm

∠ABC ＝ [ウ] °

∠BCD ＝ [エ] °

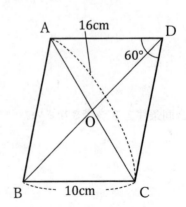

　　　　　　　　　　　　　　　　　　　　2 年　数学

（1） $\dfrac{2x+3y}{6}+\dfrac{x-2y}{9}$ を計算しなさい。

（2）2%の食塩水と7%の食塩水を混ぜあわせて, 4%の
食塩水を 500 g つくります。それぞれ何 g ずつ混ぜあ
わせればよいですか。

（1）	
（2）2%食塩水	
7%食塩水	
（3）	
（4）	
（5）①	
②	

（3）グラフが2点 (3 , 4) , (6 , −2) を通る直線の式を
求めなさい。

（4）男子3人, 女子2人の中から2人の代表を選ぶとき,
少なくとも1人は男子が選ばれる確率を求めなさい。

（5）右の図で, 直線 ℓ の式は $y = x + 2$, 直線 m の式は
$y = -2x + 8$ である。直線 ℓ と直線 m の交点を A,
直線 ℓ と x 軸との交点を B, 直線 m と x 軸との交点
を C とする。このとき, ①, ②の問いに答えなさい。

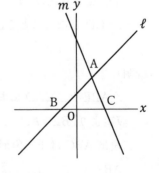

① △ABC の面積を求めなさい。

② 点 A を通り, △ABC を2等分する直線の式を求めなさい。

（1）$16ab \div (-4a^2) \times 2ab$ を計算しなさい。

（2）下の資料は，あるクラスの 8 人の握力検査の記録である。
これについて，四分位数を求めなさい。

16, 19, 20, 22, 26, 30, 34, 35 （単位kg）

（3）点 $(5, -3)$ を通り，y 軸に平行な直線の式を求めなさい。

（4）大小 2 つのサイコロを同時に投げるとき，少なくとも
一方は奇数が出る確率を求めなさい。

（5）右図のように，正三角形 ABC の辺 AB，BC 上に，それぞれ
点 D，点 E を AD＝BE となるようにとります。このとき，
AE＝CD となることを証明した下の文章の空欄をうめなさい。

（1）	
（2）第1四分位数	
第2四分位数	
第3四分位数	
（3）	
（4）	
（5）ア	
イ	
ウ	

（証明）
　　　△ABE と△CAD において，
　　仮定より，BE＝AD... ①
　　三角形 ABC は正三角形だから，
　　　AB＝（　ア　）... ②
　　　∠ABE＝（　イ　）＝60°... ③
　　①，②，③より，（　　　ウ　　　）から
　　　△ABE≡△CAD
　　合同な図形の対応する辺は等しいので，AE＝CD

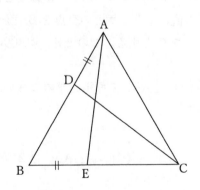

2 年　数学

（1）$x = 2.4$, $y = -9$ のとき，次の式の値を求めなさい。

$-2(4x - 5y) + 7(4x - y)$

（2）10 円, 50 円, 100 円の硬貨がそれぞれ 1 枚ずつあります。この 3 枚を同時に投げるとき，表が出た硬貨の合計金額が 60 円以上になる確率を求めなさい。

（3）一次関数 $y = -\dfrac{3}{2}x + 4$ で，x の変域が $-2 \leqq x \leqq 4$ のとき，y の変域を求めなさい。

（1）	
（2）	
（3）	
（4）∠x =	
（5）製品 A	
製品 B	

（4）$\ell \mathbin{/\!/} m$ のとき，$\angle x$ の大きさを求めなさい。

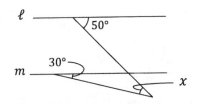

（5）ある工場では，先月は製品 A と B をあわせて 1200 個つくりました。今月は先月と比べて，A を 15% 少なく，B を 25% 多くつくったところ，あわせて 60 個少なくなりました。先月つくった製品 A, B の個数をそれぞれ求めなさい。

第 27 回テスト

/8 問

（1） 1辺 x cm の立方体の体積を y cm³ とするとき，y を x の式で表しなさい。

（2）A，B の 2 人が周囲 2000 m の池のまわりを同時に同じ場所を出発して，それぞれ一定の速さでまわります。反対方向にまわると，8 分ではじめて出会い，同じ方向にまわると，50 分で A が B に追いつきます。A，B のそれぞれの速さを求めなさい。

（3）直線 $5x + 2y = 10$ と直線 $ax - y = 8$ が，x 軸上で交わるとき，a の値を求めなさい。

（4）ジョーカーを除く 52 枚のトランプをよくきって 1 枚ひくとき，3 以下のカードが出る確率を求めなさい。

（1）	
（2）A	
B	
（3）	
（4）	
（5）ア	
イ	
ウ	

（5）右の平行四辺形 ABCD の BC の中点を M とし，AM の延長と DC の延長の交点を E とする。このとき，四角形 ABEC が平行四辺形になることを証明した下の文の空欄をうめなさい。

【証明】

△ABM と△ECM で，仮定より，BM＝CM… ①

対頂角は等しいので，∠AMB＝EMC… ②

平行線の錯角は等しいので，∠ABM＝（　ア　）… ③

①，②，③より，（　イ　）がそれぞれ等しいので，△ABM≡△ECM

合同な図形では，対応する辺の長さは等しいので，AM＝EM… ④

①，④より，（　ウ　）ので，四角形 ABEC は平行四辺形である。

2 年　数学

/5 問

（1）$3xy \times (-2xz) \times yz$ を計算しなさい。

（2）2 つの数の和が 100 で，一方の数が他方の数の 2 倍
　　　よりも 8 小さいとき，2 つの数の積を求めなさい。

(1)	
(2)	
(3)	
(4)	
(5)	

（3）$y = -3x + \dfrac{8}{3}$ について，x の増加量が 3 のときの
　　　y の増加量を求めなさい。

（4）下のような 4 枚のカードがあります。この 4 枚の
　　　カードのうち，3 枚を並べてできる 3 けたの整数は
　　　全部で何通りありますか。

$$\boxed{0}\ \boxed{1}\ \boxed{2}\ \boxed{3}$$

（5）右の図は，2 年 1 組の数学のテストを
　　　行い，その得点の分布を箱ひげ図に表し
　　　たものである。この図から読みとれるこ
　　　ととして，正しいものをすべて選びなさい。

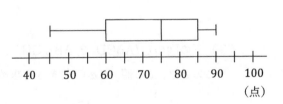

40　50　60　70　80　90　100
　　　　　　　　　　　　　（点）

　　ア　数学のテストの最高得点
　　イ　数学のテストの中央値
　　ウ　数学のテストの平均点
　　エ　数学のテストを受けた生徒の人数
　　オ　2 年 1 組の半分以上の人が 70 点を超えていること

2 年　数学

（1）次の連立方程式を解きなさい。

$$\begin{cases} \dfrac{4}{3}x - \dfrac{1}{2}y = 4 \\ -x + \dfrac{5}{8}y = -4 \end{cases}$$

（2）グラフが点 $(1,5)$ を通り，$y = \dfrac{1}{4}x - 2$ のグラフに
平行な直線の式を求めなさい。

（3）内角の和が $1440°$ になる多角形は何角形か。

（4）袋の中に，赤玉3個，白玉2個，黒玉1個の合計6個の球
が入っています。この袋の中から球を2個同時にとり出すと
き，とり出した2個の球が赤玉と白玉である確率を求めなさい。

(1)
(2)
(3)
(4)
(5) $x =$
$\angle a =$

（5）下の図の $\square$ABCD で，AB//GH，AD//EF とします。
このとき，x の値，$\angle a$ の大きさを求めなさい。

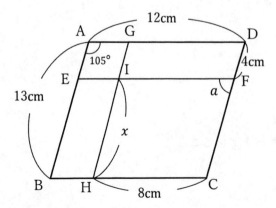

/9 問

（1）次の方程式を解きなさい。

$$\frac{x-3y}{3} = -\frac{4x+3y}{6} = -5$$

（2）ある美術館の入場料は，おとな 3 人と子ども 5 人で
4900 円，おとな 4 人と子ども 6 人で 6200 円でした。
おとなと子どものそれぞれの入場料金を求めなさい。

（3）伊藤さんは家から学校までの道のり 2800 m を分速 70 m の
速さで歩きます。家を出発してから x 分後の学校までの残りの
道のりを y m とするとき，y を x の式で表しなさい。

（4）次の四角形の性質を述べた文が正しければ○を，
間違っていれば×を解答らんに書きなさい。

　　ア、長方形の対角線は垂直に交わる。
　　イ、平行四辺形の対角線の長さは等しい。
　　ウ、ひし形の辺の長さはすべて等しい。

（5）下の資料は，ある中学校の男子生徒 9 人のハンドボール
投げの記録である。これについて，あとの問いに答えなさい。

14, 27, 23, 21, 20, 28, 15, 25, 17

単位：m

① 四分位範囲を求めなさい。

② このデータの箱ひげ図を解答欄に書きなさい。

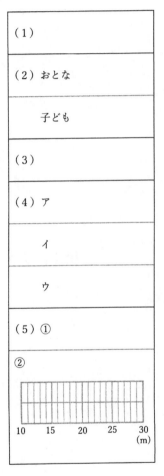

（1）

（2）おとな

　　　子ども

（3）

（4）ア

　　　イ

　　　ウ

（5）①

　　②

10　　15　　20　　25　　30
　　　　　　　　　　　　（m）

31

2 年　数学

英語

/6問

（1）（　　　）から適する語を選びなさい。

　　This notebook (am,　is,　are,　was,　were) 100 yen last week.

（2）次の日本語を英語になおしなさい。

　　┃あなたは幸せそうに見えます。┃

　　You (　　　　)(　　　　).

（3）次の文を疑問文にかえなさい。

　　She is going to visit Tokyo next week.

（4）正しい英文になるように{　　}内の語句を並べかえて、文を完成させなさい。

　　彼は先月京都へ行きました。

　　{　went / he / to / last / month / Kyoto　}.

（5）次の対話文を読んで、あとの質問に答えなさい。

　　Kota :　①Did you have a good time in Japan ?

　　Aya　:　Yes, I ②(　　　　).

　　① 下線部を日本語に訳しなさい。

　　② （　　　）に適する語を書きなさい。

(1)	(2) You (　　　　)(　　　　).	
(3)		
(4)		.
(5) ①	②	

/6問

（1）（　　　）から適する語を選びなさい。

He (don't,　doesn't,　didn't) come to my house yesterday.

（2）次の日本語を英語になおしなさい。

あなたは昨日どこにいましたか。

（　　　）（　　　）you yesterday?

（3）次の文を（　　　）内の指示に従って書きかえなさい。

She is a teacher <u>now</u>.　　　　（下線部を five years ago にかえて）

（4）正しい英文になるように{　　　}内の語句を並べかえて、文を完成させなさい。

私たちは先週の日曜日につりに行きました。

{　we / fishing / last / Sunday / went　}.

（5）次の対話文を読んで、あとの質問に答えなさい。

Kota : ①<u>What did you give to Saki?</u>

Aya　: ②I (　　　　) her a pen.

①　下線部を日本語に訳しなさい。

②　（　　　）に適する語を書きなさい。

(1)	(2) (　　　　　　) (　　　　　　) you yesterday?	
(3)		
(4)		.
(5) ①		②

2年　英語

（１）（　　　　）から適する語を選びなさい。

I am (go,　going) to read this book.

（２）次の日本語を英語になおしなさい。

私にあなたの写真を見せてください。

（　　　　）（　　　　　　）your picture, please.

（３）次の文を疑問文にかえなさい。

Ken is going to leave Kumamoto next Saturday.

（４）正しい英文になるように{　　　}内の語句を並べかえて、文を完成させなさい。

人々はそれをビッグベンと呼びます。

{　Big Ben / people / it / call　}.

（５）次の対話文を読んで、あとの質問に答えなさい。

Kota :　①How long are you going to stay ?

Aya　:　②(F　　　　) seven days.

①　下線部を日本語に訳しなさい。

②　（　　　　）に適する語を書きなさい。

(1)	(2) (　　　　　　) (　　　　　　) your passport, please.	
(3)		
(4)		.
(5) ①	②(　　　　　　) seven days.	

（1）（　　　）から適する語を選びなさい。

She bought (he,　his,　him) a racket.

（2）次の日本語を英語になおしなさい。

私は明日、車を洗うつもりです。

I am （　　　　）（　　　　　） wash my car tomorrow.

（3）次の文を（　　　）内の指示にしたがって書きかえなさい。

I listened to music.　　（then を加えて、過去進行形の文に）

（4）正しい英文になるように{　　　}内の語句を並べかえて、文を完成させなさい。

1つお願いをしてもよろしいですか。

{　I / you / a favor / may / ask　}?

（5）次の対話文を読んで、あとの質問に答えなさい。

Kota：①Could you take my picture ?

Aya ：　I'm②（　　　　　）.　I'm busy now.

①　下線部を日本語に訳しなさい。

②　（　　　）に適する語を書きなさい。

（1）	（2）I am （　　　　　）（　　　　　） wash my car tomorrow.	
（3）	（4）	？
（5）①		②　I'm （　　　　　）.

36

2年　英語

第5回テスト

/6問

（1）（　　　）から適する語を選びなさい。

Ken went to America (to study,　studying) music.

（2）次の日本語を英語になおしなさい。

私はシェフになりたいです。

I (　　　　　)(　　　　　)(　　　　　　　) a chef.

（3）次の文を疑問文にかえなさい。

He wants to go fishing.

（4）正しい英文になるように{　　　}内の語句を並べかえて、文を完成させなさい。

私たちにはすべきことがたくさんあります。

{　we / many / to / do / have / things　}.

（5）次の対話文を読んで、あとの質問に答えなさい。

Kota : ①Were you at home yesterday ?

Aya : ②No, I (　　　　　).

①　下線部を日本語に訳しなさい。

②　（　　　）に適する語を書きなさい。

（1）	（2）I (　　　)(　　　)(　　　　　) a chef.	
（3）	（4）	.
（5）①		② No, I (　　　　).

2年　英語

/6問

（1）（　　　）から適する語を選びなさい。

She makes lunch for (they,　their,　them,　theirs).

（2）次の日本語を英語になおしなさい。

彼は日本語を勉強するために日本へ来ました。

He came (　　　) Japan (　　　)(　　　) Japanese.

（3）次の文を（　　　）内の指示にしたがって書きかえなさい。

Taro wants to be a baseball player.　　　（下線部をたずねる疑問文に）

（4）正しい英文になるように{　　　}内の語句を並べかえて、文を完成させなさい。

サッカーをすることは楽しいです。

{　soccer / play / is / to / fun　}.

（5）次の対話文を読んで、あとの質問に答えなさい。

Kota：①May (　　)(　　)(　　)(　　)?　（このコンピュータを使ってもよいですか。）

Aya ：② (S　　　　) .（いいですよ。）

①　（　　　）に適する語を書きなさい。

②　（　　　）に適する語を書きなさい。

(1)	(2) He came (　　) Japan (　　)(　　　　　) Japanese.		
(3)		(4)	.
(5) ① May (　　)(　　　)(　　　)(　　　)?		② (S　　　) .	

/6問

（1）（　　　）から適する語を選びなさい。

It is important (for,　to,　at) study English.

（2）次の日本語を英語になおしなさい。

私たちはここでは英語を話さなければなりません。

We (　　　)(　　　) speak English here.

（3）次の文を（　　　）内の指示にしたがって書きかえなさい。

She has to cook dinner.　（「…しなくてよい」という意味の否定文に）

（4）正しい英文になるように{　　　}内の語句を並べかえて、文を完成させなさい。

私は明日あなたに何枚かの絵を見せます。

{　tomorrow / I / show / some / pictures / will / you　}.

（5）次の対話文を読んで、あとの質問に答えなさい。

Kota : ①I don't know how to get to the station.

Aya :　All right.　②I will tell you.

①　下線部を日本語に訳しなさい。

②　下線部を短縮した形にかえなさい。

(1)	(2) We (　　　　　)(　　　　　) speak English here.	
(3)		
(4)		.
(5) ①		②

39

2年　英語

（1）（　　　）から適する語を選びなさい。

（ Is, Are, Was, Were) you going to visit Japan next year ?

（2）次の日本語を英語になおしなさい。

彼は日本の音楽に興味があります。

He (　　　)(　　　)(　　　) Japanese music.

（3）次の文を（　　　）内の指示にしたがって書きかえなさい。

I am a teacher. （「私は教師になりたい」という文に）

（4）正しい英文になるように{　　　}内の語句を並べかえて、文を完成させなさい。

私は英語を話さなくてもよいです。

{ don't / speak / I / English / have / to }.

（5）次の対話文を読んで、あとの質問に答えなさい。

Kota : ①Will you do your homework ?

Aya : ②Yes, I (　　　).

① 下線部を日本語に訳しなさい。

② （　　　）に適する語を書きなさい。

（1）	（2）He (　　　)(　　　)(　　　) Japanese music.	
（3）	（4）	.
（5）①		② Yes, I (　　　).

/6問

（1）（　　　）から適する語を選びなさい。

She must (help,　helps,　helped) her mother.

（2）次の日本語を英語になおしなさい。

あなたは食べすぎてはいけません。

You (　　　　)(　　　　) eat too much.

（3）次の文を(　　)内の指示にしたがって書きかえなさい。

You must not run in this room.　　　　（Don't で始まる、ほぼ同じ内容の文に）

（4）正しい英文になるように{　　}内の語句を並べかえて、文を完成させなさい。

もしあなたがこの本を好きなら、あなたにそれをあげましょう。

{　like / if / this book / you　}, I'll give it to you.

（5）次の電話での会話を読んで、あとの質問に答えなさい。

Kota： ①May I speak to Erika, please ?

Aya ：Sorry, but she's ②(o　　　　)(n　　　　).　（あいにく彼女は留守です。）

① 下線部を日本語に訳しなさい。

②（　　　）に適する語を書きなさい。

(1)	(2) You (　　　　)(　　　　) eat too much.	
(3)	(4)	
(5) ①	② Sorry, but she's (o　　　)(n　　　).	

2年　英語

（1）（　　　）から適する語を選びなさい。

He (have,　has) a lot of books.

（2）次の日本語を英語になおしなさい。

彼女はマイクを待っているのですか。

（　　　　）she（　　　　）（　　　　）Mike ?

（3）次の文を （　　　　）内の指示にしたがって書きかえなさい。

They went to Okinawa last year.　　　（下線部をたずねる疑問文に）

（4）正しい英文になるように{　　}内の語句を並べかえて、文を完成させなさい。

私は野球はおもしろいと思います。

{　think / that / I / is / interesting / baseball　}.

（5）次の対話文を読んで、あとの質問に答えなさい。

Kota :　①Why don't we go to the park ?

Aya :　②I'm sorry, (　　　　) I can't go.

①　下線部を日本語に訳しなさい。

②　（　　　）に適する語を書きなさい。

(1)	(2) (　　) she (　　　　　　) (　　) Mike ?	
(3)		
(4)		.
(5) ①	② I'm sorry, (　　　　) I can't.	

/6 問

（1）（　　　）から適する語を選びなさい。

　　It will (is, 　am, 　are, 　be) sunny tomorrow.

（2）次の日本語を英語になおしなさい。

　　私といっしょにピアノをひきませんか。

　　（ W　　　　）（　　　　）（　　　　　） play the piano ?

（3）次の文を（　　　）内の指示にしたがって書きかえなさい。

　　I have to study English every day.　　　　（下線部を He にかえて）

（4）正しい英文になるように{　　}内の語句を並べかえて、文を完成させなさい。

　　この新聞を読んでもよろしいですか。

　　{　I / read / may / newspaper / this　}？

（5）次の対話文を読んで、あとの質問に答えなさい。

　　Kota : ①Do you know that Ken is from America ?

　　Aya　: ②No, I (　　　　).

　　①　下線部を日本語に訳しなさい。

　　②　（　　　）に適する語を書きなさい。

（1）	（2）(W　　　　)(　　　　)(　　　　　) play the piano ?		
（3）			
（4）			?
（5）①		② No, I (　　　　　).	

　　　　　　　　　　　　　　　　　　　　　　2年　英語

/ 6 問

（1）（　　　）から適する語を選びなさい。

(This,　These) are universal design products.

（2）次の日本語を英語になおしなさい。

あなたが忙しいときは、私があなたを手伝います。

（　　　）（　　　）（　　　）（　　　）, I will help you.

（3）次の文を疑問文に書きかえなさい。

I must help Ms. Green.

（4）正しい英文になるように{　　}内の語句を並べかえて、文を完成させなさい。

体に気をつけなさい。

{　yourself / take / of / care　}.

（5）次の対話文を読んで、あとの質問に答えなさい。

Kota :　①What subject did you study last night ?

Aya　:　②I studied English.

①　下線部を日本語に訳しなさい。

②　下線部を日本語に訳しなさい。

(1)	(2) (　　　)(　　　)(　　　)(　　　), I will help you.
(3)	
(4)	.
(5) ①	②

/ 6 問

（1） （　　　）から適する語を選びなさい。

（ Which,　Where ）bus goes to City Hospital ?

（2） 次の日本語を英語になおしなさい。

時間はどれくらいかかりますか。

（　　　）（　　　　）does it take ?

（3） 次の文の下線部を（　　　）内の語にかえて、全文を書きかえなさい。

There is a movie theater in my city.　　　　　（ three ）

（4） 正しい英文になるように{　　　}内の語句を並べかえて、文を完成させなさい。

彼のために何をするべきでしょうか。

{　I / do / what / for / should / him　}?

（5） ポスターの一部を書いた文を読んで、あとの質問に日本語で答えなさい。

Rakugo in English　　Japanese comic storytelling（日本の話芸）
DATE：November 20　　TIME：6：30 p.m.　　PLACE：Minami Theater

① 英語落語公演は、みなみ劇場で何月何日に行われますか。

② 英語落語公演は、午後何時何分から行われますか。

(1)	(2) (　　　　　)(　　　　　) does it take ?		
(3)			
(4)	?	(5) ①	②

2 年　英語

/ 6 問

（1）（　　）から適する語を選びなさい。

Do you have (some,　any) plans during holidays ?

（2）次の日本語を英語になおしなさい。

私たちは落語を聞くことを楽しみました。

We (　　　　)(　　　　) to *rakugo.*

（3）次の文の下線部を正しい形に変えて、全文を書きなさい。

She finished read the book.

（4）正しい英文になるように{　　}内の語句を並べかえて、文を完成させなさい。

サッカーをすることは楽しいです。

{ soccer / is / fun / playing }.

（5）次の対話文を読んで、あとの質問に答えなさい。

A : ①Is there a bike under the tree ?

B : ②Yes, (　　　　)(　　　　).

①　下線部を日本語に訳しなさい。

②　（　　　）に適する語を書きなさい。

(1)	(2) We (　　　　)(　　　　) to *rakugo.*	
(3)	(4)	.
(5) ①	② Yes, (　　　)(　　　).	

46

2年　英語

/6 問

（1）（　　　）から適する語を選びなさい。

We enjoyed (play,　playing,　to play) video games.

（2）次の日本語を英語になおしなさい。

彼は疲れていたので、10 時に寝ました。

He went to bed at ten (　　　)(　　　)(　　　) tired.

（3）次の文の（　　　）内の語を適する形にかえて全文を書きなさい。

The dolphin is (large) than the tuna.

（4）正しい英文になるように{　　}内の語句を並べかえて、文を完成させなさい。

7 月は 6 月より暑いです。

{　July / hotter / June / than / is　}.

（5）次の対話文を読んで、あとの質問に答えなさい。

A : ①Is your school the oldest in this city ?

B : ②Yes, (　　　　)(　　　　).

①　下線部を日本語に訳しなさい。

②　（　　　）に適する語を書きなさい。

（1）	（2）He went to bed at ten (　　　　)(　　)(　　) tired.		
（3）	（4）　　　　　　　　　　　　　　　　．		
（5）①	② Yes, (　　　)(　　　)．		

（1）（　　　）から適する語を選びなさい。

This movie is (more popular,　most popular) than that one.

（2）次の日本語を英語になおしなさい。

この本は 5 冊の中でいちばんおもしろいです。

This book is (　　　)(　　　)(　　　)(　　　) the five.

（3）次の文を（　　　）内の指示にしたがって書きかえなさい。

We are in the park.　　　　　　　（yesterday を文末に加えて）

（4）正しい英文になるように{　　　}内の語句を並べかえて、文を完成させなさい。

私にあなたの新しい自転車を見せてください。

{　show / me / your / please / new bike　}.

（5）次の対話文を読んで、あとの質問に答えなさい。

A：①How long does it take to get to the station ?

B：②It (　　　)(　　　)(　　　) minutes.（およそ 20 分かかります。）

①　下線部を日本語にかえなさい。

②　（　　　）内に適する語を書きなさい。

(1)	(2) This book is (　　)(　　)(　　　　)(　) the five.		
(3)			
(4)			.
(5) ①	②It (　　)(　　)(　　)minutes.		

/ 6 問

（1）（　　　）から適する語を選びなさい。

I am as (old,　older,　oldest) as your sister.

（2）次の日本語を英語になおしなさい。

ミホとアキはどちらの方が年上ですか。

Who is (　　　), Miho (　　　) Aki ?

（3）次の文を（　　　）内の指示にしたがって書きかえなさい。

It is sunny.　　　　　　　　（tomorrow を文末に加えて）

（4）正しい英文になるように{　　}内の語句を並べかえて、文を完成させなさい。

東京は日本でいちばん大きな都市です。

{　is / Tokyo / city / Japan / the / biggest / in　}.

（5）次の対話文を読んで、あとの質問に答えなさい。

A : ①(　　　)(　　　)(　　　) it ?　（それはいくらですか。）

B : ②It's (　　　) dollars.　　（それは 60 ドルです。）

① （　　　）に適する語を書きなさい。

② （　　　）に適する語を書きなさい。

（1）	（2）Who is (　　　　　　), Miho (　　　) Aki ?	
（3）	（4）	.
（5）①(　　　)(　　　)(　　　) it ?	② It's (　　　) dollars.	

（1）（　　　）から適する語を選びなさい。

I am interested (at,　to,　in) music.

（2）次の日本語を英語になおしなさい。

彼はマイクよりも速く走ります。

He runs (　　　)(　　　) Mike.

（3）次の文の（　　　）内の語を適する形にして、全文を書きなさい。

My dog is the (pretty) of all.

（4）正しい英文になるように{　　　}内の語句を並べかえて、文を完成させなさい。

もう少し小さいものを出しましょうか。

{　I / show / a / one / smaller / shall / you　}?

（5）次の対話文を読んで、あとの質問に答えなさい。

A：①How many students are there in your school ?

B：　There are one ②(h　　　) and forty students.

①　下線部を日本語に訳しなさい。

②　（　　　）に適する語を書きなさい。

(1)	(2) He runs (　　　　　　　)(　　　　　　) Mike.	
(3)	(4)	?
(5) ①		②

/ 6 問

（1）（　　　）から適する語を選びなさい。

He likes soccer (good,　well,　better) than baseball.

（2）次の日本語を英語になおしなさい。

私は日本は美しい国だと思います。

（　　　）（　　　　）that Japan is a beautiful country.

（3）次の文が、ほぼ同じ内容になるように（　　　）に適する語を書きなさい。

He plays baseball well. = He is a good (　　　　)(　　　).

（4）正しい英文になるように{　　}内の語句を並べかえて、文を完成させなさい。

彼と彼の兄は両方とも早く起きました。

{　he / and / his brother / up / got / early / both　}.

（5）次の対話文を読んで、あとの質問に答えなさい。

A：①Why do you like Mike ?

B：②（B　　　　）he is kind.

①　下線部を日本語に訳しなさい。

②　（　　　）に適する語を書きなさい。

（1）	（2）（　　　）（	）that Japan is a beautiful country.
（3）He is a good (　　　　)(　　　).		
（4）		．
（5）①	②	

2年　英語

/ 6 問

（1）（　　　）から適する語を選びなさい。

The flowers need (a few,　many,　much) water.

（2）次の日本語を英語になおしなさい。

私たちは水なしでは生きることができません。

We cannot (　　　　)(　　　　　) water.

（3）「…しましょうか」と相手に申し出る意味になるように（　　　　）に適する語を書きなさい。

（　　　　）I cook dinner ?

（4）正しい英文になるように{　　}内の語句を並べかえて、文を完成させなさい。

彼は今夜来るかもしれません。

{　may / this / he / evening / come　}.

（5）次の対話文を読んで、あとの質問に答えなさい。

A：①I think soccer is a very exciting sport.

B：　I think so, ②(　　　　).　　　　（私もそう思います。）

①　下線部を日本語に訳しなさい。

②　（　　　　）に適する語を書きなさい。

(1)	(2) We cannot (　　　　　)(　　　　　　) water.	
(3)	(4)	.
(5) ①		② I think so, (　　　　).

2年　英語

（1）（　　　）から適する語を選びなさい。

The place was full (of,　in,　for) people.

（2）次の日本語を英語になおしなさい。

あなたは学校で何と呼ばれていますか。

What (　　　) you (　　　) at school.

（3）次の文を否定文に書きかえなさい。

The car is washed by my father.

（4）正しい英文になるように{　　}内の語句を並べかえて、文を完成させなさい。

外国でプレーすることは簡単ではありません。

{　easy / to / play / not / is / abroad　}.

（5）次の文の（　　　）内の語を正しい形にかえなさい。

I am ①(learn) Japanese now.　I want ②(learn) more about Japan.

I want ③(study) at a university in Japan.

(1)	(2) What (　　　　) you (　　　　) at school ?	
(3)		
(4)		.
(5) ①	②	③

（1）（　　　）から適する語を選びなさい。

Did you go there (for,　on,　by) train ?

（2）次の日本語を英語になおしなさい。

あなたは宿題をするために図書館へ行ったのですか。

Did you go (　　　　) the library (　　　　)(　　　　) your homework ?

（3）次の文を（　　　）内の指示にしたがって書きかえなさい。

Don't eat in this park.　　　（must not を用いて、ほぼ同じ内容の文に）

（4）正しい英文になるように{　　　}内の語句を並べかえて、文を完成させなさい。

あなたは日曜日には学校へ行かなくてもよいです。

{　don't / to / you / have / to / go / Sunday / on / school　}.

（5）次の文の（　　　）内の語を正しい形にかえなさい。

One Monday morning, I ①(get) up late.　My mother ②(say) to me, "It's eight

o'clock.　It's time ③(go) to school now."　"I know!"　I answered and ④(leave)

home quickly.

（1）	（2）Did you go (　　　) the library (　　　)(　　　) your homework ?		
（3）			
（4）			.
（5）①	②	③	④

/ 7 問

（1）（　　　）から適する語を選びなさい。

They (wasn't,　weren't) at school yesterday.

（2）次の日本語を英語になおしなさい。

この歌は多くの人々に愛されるでしょう。

This song (　　　) (　　　) (　　　　　) by many people.

（3）次の文を（　　　）内の指示にしたがって書きかえなさい。

It is cold.　　　　　（will を加えて、未来の文に）

（4）正しい英文になるように{　　　}内の語句を並べかえて、文を完成させなさい。

つりに行きませんか。

{　go / to / you / fishing / want / do　}？

（5）次の文を読んで、（　　　）内に適する語を書きなさい。

David was interested①(　　　) Japanese culture.　He wanted②(　　　) try

traditional Japanese sports.　But he didn't have a chance③(　　　) do them.

※ traditional 伝統的な

(1)	(2) This song (　　　) (　　　) (　　　　) by many people.		
(3)	(4)		?
(5) ①	②	③	

/ 6 問

（1）（　　　）から適する語を選びなさい。

My mother was cooking (because,　when,　but) I got up.

（2）次の日本語を英語になおしなさい。

ブラウンさんは 3 人の子どもがいます。

Mr. Brown (　　　　　) three (　　　　　).

（3）次の文が、ほぼ同じ内容になるように（　　　）に適する語を書きなさい。

His house has six rooms. = (　　　　)(　　　　) six rooms in his house.

（4）正しい英文になるように{　　　}内の語句を並べかえて、文を完成させなさい。

大部分の人々がこのエネルギーを使います。

{　this energy / most / the people / use / of　}.

（5）（　　　）に当てはまるものを、ア～ウからそれぞれ選び記号で書きなさい。

①　I'm looking forward (　　　) seeing the movie.

ア．at　　イ．off　　ウ．to

②　I tried to use a computer, (　　　) he was using it.　So I started reading a book.

ア．but　　イ．if　　ウ．because

(1)	(2) Mr. Brown (　　　　) three (　　　　　).	
(3) (　　　　)(　　　　) six rooms in his house.		
(4)	(5) ①	②

/ 5 問

（1）（　　　）から適する語を選びなさい。

Taro plays the violin (good,　well,　better) than Kazuo.

（2）次の日本語を英語になおしなさい。

私のかばんはあなたのと同じくらい新しいです。

My bag is (　　　)(　　　)(　　　) yours.

（3）次の文を（　　　）内の指示にしたがって書きかえなさい。

He leaves Japan.　　　　　（be going to を使って未来を表す文に）

（4）正しい英文になるように{　　}内の語句を並べかえて、文を完成させなさい。

あなたは今度の水曜日は何をするつもりですか。

{　are / you / next / do / to / going / what / Wednesday }?

（5）次の対話文を読んで、（　　　）に当てはまるものを、ア〜ウから選び記号で書きなさい。

A：You look so busy.　（　　　　　　　　　）

B：Yes, please.　Can you clean the door?

ア．Can you help me?　イ．Did you clean the door?　ウ．Shall I help you?

(1)	(2) My bag is (　　　)(　　　)(　　　) yours.		
(3)			
(4)			(5)

57

2年　英語

／5問

（1）（　　　）から適する語を選びなさい。

Beth（ come,　comes,　came ）to Japan to study Japanese last year.

（2）次の日本語を英語になおしなさい。

私は毎日私の部屋をそうじする必要があります。

I（ n　　　）（　　　　） clean my room（　　　　）（　　　　）.

（3）次の文が、ほぼ同じ内容になるように（　　　）に適する語を書きなさい。

My mother cleans this room every day. ＝ This room（　）（　） by my mother every day.

（4）正しい英文になるように{　　}内の語句を並べかえて、文を完成させなさい。

その計画はとても楽しそうに聞こえます。

{　sounds / plan / the / great　}.

（5）次の対話文を読んで、（　　　）に当てはまるものを、ア～ウから選び記号で書きなさい。

A：Where are you going ?

B：I'm going shopping.

A：（　　　　　）

B：OK, I'll buy it for you.

ア．I bought a notebook for you.

イ．Can you buy a notebook for me ?

ウ．Could you tell me what you will buy ?

（1）	（2）I（ n　　）（　　　） clean the room（　　）（　　）.
（3）This room（　　）（　　　） by my mother every day.	
（4）　　　　　　　　　　　　　　　　.	（5）

2年　英語

/5 問

（1）（　　　）から適する語を選びなさい。

Which bus (go,　to go,　goes) to Midori Station ?

（2）次の日本語を英語になおしなさい。

この映画は日本でいちばん人気があります。

This movie is (　　　　)(　　　　)(　　　　　) in Japan.

（3）次の文を（　　　　）内の指示にしたがって書きかえなさい。

She takes her umbrella today.　　　　（should を加えて、「～すべきです」の文に）

（4）正しい英文になるように{　　}内の語句を並べかえて、文を完成させなさい。

オーストラリアはカナダほど大きくありません。

{　Australia / Canada / as / as / large / isn't　}.

（5）次の対話文を読んで、（　　　）に当てはまるものを、ア～ウから選び記号で書きなさい。

A：I bought a new racket last week.

B：Really ?　(　　　　　　　)

A：OK.　I'm excited.

ア．I can't play tennis.

イ．You mustn't play tennis next Sunday.

ウ．Shall we play tennis next Sunday ?

（1）	（2）This movie is (　　　)(　　　)(　　　　) in Japan.		
（3）			
（4）		.	（5）

59

2 年　英語

（1）（　　　）から適する語を選びなさい。

Which do you like better, math (and,　or,　as) science ?

（2）次の日本語を英語になおしなさい。

この問題はあの問題より難しいです。

This question (　　　　)(　　　　)(　　　　　　) than that one.

（3）次の文が、ほぼ同じ内容になるように（　　　）に適する語を書きなさい。

My bike is not as good as yours. = Your bike is (　　　)(　　　) mine.

（4）正しい英文になるように{　　　}内の語句を並べかえて、文を完成させなさい。

私は3日前にアレックスのお姉さんに会いました。

{ I / days / ago / Alex's sister / met / three }.

（5）次の対話文を読んで、（　　　）内に適する語を書きなさい。

A ：Do you have any brothers or sisters ?

B ：Yes.　I have two older sisters, so I am the (　　　) of the three.

(1)	(2) This question (　　　)(　　　)(　　　　　　) than that one.		
(3) Your bike is (　　　)(　　　) mine.			
(4)　　　　　　　　　　　　　　　　　　　　　　.		(5)	

/6 問

（1）（　　　）から適する語を選びなさい。

I want (reading,　to read) this book.

（2）次の日本語を英語になおしなさい。

いすの下にボールがありますか。

（　　　）（　　　）（ a　　　）balls under the chair ?

（3）次の文を（　　　）内の指示にしたがって書きかえなさい。

Canada is large.　　　　　（「アメリカと同じくらい大きい」の文に）

（4）正しい英文になるように{　　}内の語句を並べかえて、文を完成させなさい。

あなたは数学は簡単だと思いますか。

{　do / think / easy / is / math / that / you　} ?

（5）次の対話文を読んで、あとの質問に答えなさい。

A : ①Did you make your lunch ?

B :　No, I didn't.　My father did.　He likes②(cook).

①　下線部を日本語に訳しなさい。

②　（　　　）内を一語で適する形にかえなさい。

(1)	(2) (　　　)(　　　)(　　　) balls under the chair ?	
(3)		
(4)		?
(5) ①	②	

2年　英語

/ 6問

（1）（　　　）から適する語を選びなさい。

I opened the window (and,　if,　because) it was hot.

（2）次の日本語を英語になおしなさい。

彼女はすべきことがたくさんあります。

She (　　　　) many things (　　　)(　　　).

（3）次の文が、ほぼ同じ内容になるように（　　　）に適する語を書きなさい。

June has thirty days. = (　　　)(　　　) thirty days in June.

（4）正しい英文になるように{　　　}内の語句を並べかえて、文を完成させなさい。

野球はサッカーよりも人気があります。

{　baseball / soccer / than / more / popular / is　}.

（5）次の対話文を読んで、あとの質問に答えなさい。

店員 : May I help you ?

お客 : I'm ①(look) for a T-shirt.

店員 : ②What color would you like ?

お客 : I'd like a green one.

① （　　　）内を適する形にかえなさい。

② 下線部を日本語に訳しなさい。

(1)	(2) She (　　　　) many things (　　　　)(　　　　).	
(3) (　　　)(　　　) thirty days in June.	(4)	.
(5) ①	②	

2年　英語

国語

昨夜、家のベランダから南西の空を見ると、大きい三日月がくっきりと見えました。ふだん見ている月よりも、カクダンに大きく感じました。（　　）、月は満月、半月、三日月などの形の変化はあっても、月の大きさは同じはずです。月が地平線近くにあり、月の近くに建物が見えると、建物との比較による目の錯覚によって、月が大きく見えてしまったのかもしれません。

問一　カクダンを漢字になおしなさい。

問二　（　　）に入る適切な言葉を、次のア～エから一つ選び、記号で答えなさい。

　　　ア　しかし　　イ　だから　　ウ　そして　　エ　つまり

問三　本文の内容をまとめた次の文の（　　）に適切な言葉を書きなさい。

地平線近くに月があると、その近くの建物と（　　）して、月がいつもよりも大きく見えるのかもしれない。

問一	問二	問三

「サザエさん症候群」という言い方を聞いたことはありますか。明日からまた一週間が①ハジまると思い、②徐々に日曜日の夕方あたりから憂うつになることを、俗称で「サザエさん症候群」と言います。なぜアニメの名前が付いているのでしょうか。

それは、日本国民の大多数の人が憂うつになる日曜日の夕方に、半世紀以上にわたり国民的人気アニメの「サザエさん」がテレビ放送されていることが③所以（ゆえん）のようです。

問一　①ハジまる を漢字になおしなさい。

問二　②徐々に の品詞名を次から一つ選びなさい。

ア　形容詞　　イ　形容動詞　　ウ　副詞　　エ　接続詞

問三　③所以 を別の言葉で言いかえるとき、適切なものを次から一つ選びなさい。

ア　結論　　イ　理由　　ウ　仮定　　エ　想定

問四　本文の内容として適切なものを、次から一つ選びなさい。

ア　「サザエさん症候群」という症状は必ず土曜日の夕方にでる。

イ　「サザエさん症候群」は日本国民全員がなる症状である。

ウ　「サザエさん」の話に「サザエさん症候群」が出てくる。

エ　「サザエさん」の放送時間と多くの人が憂うつになる時間が重なる。

問一	問二	問三

問四

　よく国語の文章問題に出てくる言葉として、「合理的」という言葉がある。この言葉を辞書で調べてみると、「物事の進め方が道理にかなっていて、むだのない様子」とある。なかなかわかりづらい言葉である。いろいろ調べ、私なりの理解として、よく国語の文章問題に出てくる意味は、「皆が認める正しい道」というようにとらえている。①このようにとらえないと「合理的」と書かれているだけでは意味が理解できないからである。

　このほかにも国語の文章問題には、よく出てくる言葉がある。例えば「客観的」「形而上」「イデオロギー」などである。これらの②ヒンシュツ語句を自分なりに理解することで、国語の文章はより読みやすくなるだろう。

問一　②ヒンシュツを漢字になおしなさい。

問二　①このようにとあるが、筆者は「合理的」という言葉をどのようにとらえている
　　か。本文中より抜き出して書きなさい。

問三　本文の内容に合うものを、次のア～ウから一つ選び、記号で答えなさい。
　　ア　国語の文章問題には、「客観的」という言葉がよく出てくる。
　　イ　「合理的」という言葉を筆者はまったく理解できていない。
　　ウ　国語の文章は、「合理的」という言葉を知らなければすべて理解できない。

問一	問二	問三

第四回テスト

ここ数年、夏になると各地で最高気温が四十度を①コえる猛暑の日が珍しくなくなっている気がします。来年の夏はどうなるのでしょうか。ある研究者の予想によると、今年の猛暑が来年も続くのだそうです。それどころか、年々猛暑日が増えるという②ヨソクもあります。③日本は四季があるすばらしい国です。④しかし、これ以上猛暑日が増え続けると、四季のうち春と秋が極端に短くなり、日本は短い冬と長い夏の「二季の国」になるのではないでしょうか。

問一　①コえる、②ヨソクをそれぞれ漢字になおしなさい。

問二　傍線部③の文から形容詞を抜き出しなさい。

問三　傍線部④の接続語の種類として適切なものを、次から選びなさい。
　　ア　転換　　イ　逆説　　ウ　要約　　エ　対比

問四　本文を二つに分けるとき、二段落目の初めの五字を書きなさい。

問一①	②	問二
問三	問四	

物質を形作っている元素にはそれぞれに名前があります。百個以上の元素のうち女性科学者マリー・キュリーにちなんでつけられた元素が二つあります。その一つはポロニウムという元素です。発見当時、マリーの祖国ポーランドはロシアに支配されていました。マリーは祖国の独立を願いポロニウムと①メイメイしました。（　　）キュリウムという元素は、キュリー夫妻の科学への②功績をたたえて名づけられました。

問一　①メイメイを漢字に、②功績をひらがなになおしなさい。

問二　（　　）に入る最も適切な言葉を、次のア～ウから一つ選び、記号で答えなさい。
　　　ア　したがって　　　イ　もう一つの　　　ウ　結果的に

問三　本文の内容に合うものを、次のア～エから一つ選び、記号で答えなさい。
　　　ア　キュリウムという元素はマリーの祖国への思いが込められた名前である。
　　　イ　ポロニウムという元素はマリーの祖国への思いが込められた名前である。
　　　ウ　マリーの祖国はロシアでポーランドに支配されていました。
　　　エ　ポロニウムという元素はキュリー夫妻の科学への功績をたたえて名づけられた。

問一①	②	問二	問三

第六回テスト

日頃、何気なく使っている「虫が知らせる」という言い方がある。一体、「虫」とは何でしょうか。奈良時代に伝わった道教の教えでは、人間の体の中には三匹の虫が住んでいるのだ①そうです。その虫が、人間が②ネている間に体から出ていき、その人間の③ツミや悪を天帝に言いつけるのです。そこから、何か良くないものごとが起こりそうな予感がすることを「虫が知らせる」という慣用句が生まれました。

※天帝　天地を支配する神

問一　②ネ、③ツミをそれぞれ漢字になおしなさい。

問二　①そうですと同じ使い方のものを、次のア〜ウから一つ選び、記号で答えなさい。

　　ア　明日は晴れそうです。

　　イ　今夜はよく眠れそうです。

　　ウ　台風が上陸するそうです。

問三　「虫が知らせる」と同じような意味の言葉を、次のア〜ウから一つ選び、記号で答えなさい。

　　ア　あげ足を取る　　　　イ　胸騒ぎがする　　　ウ　後ろめたい

問一②	③	問二	問三

目が覚めると母が台所で洗い物をしている音が聞こえた。「また何か食べたの？」私がたずねると、「うーん」と母が①困ったような顔になった。洗っていたのはほど私が洗い終えた皿だった。そこでようやく、私の皿洗いが不合格だったのだと気づいた。それを私に伝えづらそうにしている母の、　□　した様子を見ていると私は暗い気持ちになった。そんな私の表情を見て、どうやら母は私の気持ちを察したようだった。「ごめんね。お母さんちゃんと洗い方を教えなかったんね。今から教えるからもう一回お手伝いお願いできる？」もう二度とお手伝いをさせてもらえないのではないか②勘ぐっていた私の不安ははずれたようだ。嬉しくなった私は、もちろん、と言って急いでシャツの袖をまくった。

問一　傍線部①のようになった理由として、正しいものを次のア〜エから一つ選び、記号で答えなさい。

　ア　洗い物の大きい音で、私を起こしてしまったから。

　イ　私が寝ている間にこっそりケーキを食べていたことに気づかれそうだったから。

　ウ　私がした不合格な皿洗いのやり直しをしていることを伝えづらかったから。

　エ　私が割ってしまったお皿の片付けをしているところを見られたくなかったから。

問二　本文中の□に入る語句として、最も適当なものを次のア〜エから一つ選び、記号で答えなさい。

　ア　おろおろ　　イ　びくびく　　ウ　くよくよ　　エ　まごまご

問三　傍線部②「勘ぐる」のここでの意味として、最も適当なものを次のア〜エから一つ選び、記号で答えなさい。

　ア　期待する　　イ　感動する　　ウ　不安に思う　　エ　不思議に思う

問一	問二	問三

　江戸時代の国学者である本居宣長は、自分の家の本棚から本を取り出すとき、明かりが無くても必要な本を取り出せたのだそうだ。本棚の本が十冊、二十冊ならともかく、（　①　）何倍もの本が並んでいたに違いない。本居宣長は本棚の整理が行き届いていた上に、かなりの記憶力があったものと思われる。

　明かりのない所から本を取り出すまでいかなくても、いつでもすぐに取り出せるように本棚の整理は必要だろう。あいうえお順に並べる、または本の種類ごとに置くなど、記憶力に頼らない並べ方を②クフウしたい。

問一　②クフウを漢字になおしなさい。

問二　（　①　）に入る適切な言葉を、次のア～エから一つ選び、記号で答えなさい。

　　　ア　たしかに　　イ　つまり　　ウ　なぜなら　　エ　おそらく

問三　本居宣長が、明かりのないところですぐに本を取り出せたのは、どのような理由があると筆者は考えているか。二つの理由を書きなさい。

問1	問二

問三

放課後、何もやることがなかったので部活動でにぎわっているグラウンドをぼんやり①ナガめていた。野球やサッカーなど華やかなスポーツをやるのは何となくわかる気がするが、ただ走るだけの陸上競技をやる意味が僕にはわからず、何が楽しいのかなと考えていると、ずっと校庭を走っている一人の陸上部員が②目についた。一切ペースを③落とすことなく走り続けている彼は、きつい表情をしながらも心の中では楽しんでいる、そんな感じがした。はじめは物好きな人いるものだと思っていたが、だんだん気になってしまうがなくなってしまった。何が彼をあそこまで楽しませているのか。陸上競技に④ミチの力を感じた瞬間だった。

問一　①ナガめる、④ミチを漢字になおしなさい。

問二　②目についた の意味として適切なものを、次のア〜エから一つ選び、記号で答えなさい。

ア　見えて、注意をひいた。

イ　見ていてほっとした。

ウ　見えて、目ざわりだった。

問三　③落とす の活用の種類と活用形も答えなさい。

問四　本文の内容に合わないものを、次のア〜ウから一つ選び、記号で答えなさい。

ア　僕は野球をやる人の気持ちは理解できると思っている。

イ　僕は陸上競技をやる人の気持ちが理解できなかった。

ウ　僕はきつい表情をしながら部活をする人の気持ちがわからない。

問一①	④	問二
問三 活用の種類	活用形	問四

数ある元素の中で、百十三番元素は日本人が発見しました。これまでの元素発見はすべて欧米でした。（　①　）、百十三番元素は、欧米以外で初、アジア初の発見でした。

ところで、その元素はどのように発見されたかというと、原子番号三十の②アエンと原子番号八十三のビスマスの二つの原子核を③ショウトツさせ、融合させることで作られました。

このように書くと簡単に新元素ができそうに思われますが、長年に渡るはかりしれない地道な研究の成果なのです。

問一　②アエン、③ショウトツ　を漢字になおしなさい。

問二　（　①　）に入る接続詞を、次のア～エから一つ選び、記号で答えなさい。
　　ア　つまり　　イ　もし　　ウ　または　　エ　むしろ

問三　本文の内容に合わないものを、次のア～エから一つ選び、記号で答えなさい。
　　ア　日本人が百十三番元素を発見しました。
　　イ　原子番号三十と八十三より百十三番元素は誕生しました。
　　ウ　百十三番元素は偶然に発見されました。
　　エ　新元素の発見には長年かかっている。

問一②	③	問二	問三

私は、①本はちゃんと読まなくてもよいと思っている。本を読んでいると、時に途中で、おもしろくない、筆者と価値観が合わないなどと思い、そのまま読み進めることを躊躇することがあるだろう。そういうときは、無理して読み進めようとせず、やめてしまってかまわない。読書中に　①　感が生まれたことには必ず理由がある。自分に合わない本に時間を費やすのは無駄で、そのまま続けていると読書を嫌いになってしまう恐れがある。同じジャンルでもより自分に合う本はあるので、すぐに乗り換えればよい。それくらい気楽にかまえてよいのだ。読書とは自分にとって意味があればよく、その意味は他人と違ってもよい。　②　、大事なのは「自分らしい読書をする」ということだ。

問一　傍線部①の理由として、適切でないものを次のア〜エから一つ選び、記号で答えなさい。

ア　同じジャンルでもより自分に合う本を見つけて乗り換えればよいから。

イ　自分に合わない本を読み続けると読書が嫌いになるかもしれないから。

ウ　自分に合わない本を読み続けることは時間の無駄だから。

エ　内容を理解することよりも、本を読み切ったという事実が大事だから。

問二　①　に入る語句として、適切なものを次のア〜エから一つ選び、記号で答えなさい。

ア　抵抗　イ　責任　ウ　満足　エ　安心

問三　②　に入る語句として、適切なものを次のア〜エから一つ選び、記号で答えなさい。

ア　しかし　イ　または　ウ　その結果　エ　要するに

問一	問二	問三

「宇宙には空気がないんだって」

当たり前のことを翔太が言った。いかにも翔太っぽい発言だ。

「常識だろ、そんなこと」

僕はいつものように面倒くさそうに返答した。

「でもどうやって調べたんだろうな。宇宙船から顔でも出したのかな」

僕は初めて①翔太の質問に答えることができず、②ダマってしまった。翔太が普段言うようなことを言うから、僕は驚きを③カクすことができなかった。

そんな僕を見てかはわからないが、翔太は僕を追い詰めるかのごとく質問を続けた。

問一　②ダマる、③カクすをそれぞれ漢字になおしなさい。

問二　①翔太の質問の内容として適切なものを、次のア〜ウから一つ選び、記号で答えなさい。

　ア　宇宙にはなぜ空気がないのか。

　イ　宇宙に空気がないことをどうやって調べたのか。

　ウ　宇宙船からどうやって顔を出したのか。

問三　本文中の内容に合うものを、次のア〜ウから一つ選び、記号で答えなさい。

　ア　僕は宇宙船からどうやって顔を出すかわからなかった。

　イ　翔太は普段頭が悪いふりをしている。

　ウ　僕は翔太の質問に初めて答えることができなかった。

問一②	③	問二	問三

足元に違和感を覚え、下を見ると、私と主おばさんの間に割りこむようにして、三歳くらいの小さな男の子が柵につかまって、中のパンダをのぞきこんでいた。この子どもは間違いなく主おばさんから注意さ①れるだろう。主おばさんはよく「子どもだからって何でも許されると思っている甘えたガキには世間というものをわからせなくちゃいけねえ。人様に迷惑がかかる行為は絶対しちゃいけねえ。」と言っているくらいだから。（　　　）今は体を少しずらして場所をゆずってあげたのだ。②私は驚きを隠せなかった。

問一 ①れると同じ意味・用法をしているものを、次のア〜エから一つ選びなさい。
　ア よく蚊に刺される。　　　　イ すぐに出られるように支度する。
　ウ 校長先生が話される。　　　エ 彼の事なら信じられる。

問二 （　　）内に入る語句として正しいものを、次のア〜エから一つ選びなさい。
　ア つまり　　イ やはり　　ウ だから　　エ ところが

問三 傍線部②の理由として正しいものを、次のア〜エから一つ選びなさい。
　ア 男の子に対して特別な対応をした主おばさんの表情が、普段よりも穏やかだったから。
　イ いつもは子どもにも厳しく注意する主おばさんが、柵の中をのぞきこむ男の子に対しておだやかに接したから。
　ウ 普段ならあり得ない主おばさんの優しさが引き出されるほど、男の子が真剣に柵の中を見ていたから。
　エ 子どもの無礼な行動に対して、主おばさんが周りの人たちがひいてしまうほど容赦なく怒鳴ったから。

問一	問二	問三

第十四回テスト

／3問

日本でのごみのリサイクルは、廃棄物を製品の原料として再利用するマテリアルリサイクル、廃棄物を化学合成で他の物質に変え、新たな製品の原料にするケミカルリサイクル、廃棄物を燃やし、①発生する熱を発電や熱源に利用するサーマルリサイクルの三つに分けられる。日本ではプラスチックごみの半数以上を、このサーマルリサイクルで処理しているのだが、②欧米諸国ではサーマルリサイクルをリサイクルとはとらえていない。それは、欧米諸国ではリサイクルの概念に焼却を含まないからである。

問一　①発生すると同じ動詞の活用形を次のア～エから一つ選び、記号で答えなさい。

　　ア　カバンに荷物を入れる。　　　イ　ごみを避けて歩く。

　　ウ　前を見て歩け。　　　　　　　エ　彼を信じることができない。

問二　傍線部②の理由を本文からそのまま抜き出して書きなさい。

問三　本文の内容に合うものを次のア～エから一つ選び、記号で答えなさい。

　　ア　日本のごみの量は欧米諸国よりも非常に多い。

　　イ　日本でのプラスチックごみは、サーマルリサイクルで処理している割合が一番

　　　高い。

　　ウ　ケミカルリサイクルは、他の二つのリサイクル方法よりも環境にやさしい。

　　エ　欧米諸国ではサーマルリサイクルのみ行っている。

問一	問二
問三	

77

書き下し文

衆鳥高ク飛ビテ尽キ	
孤雲独リ去ツテ閑カナリ	孤雲独り去つて閑かなり
相看テ両ニ不レ厭ハ	相看て両に厭はざるは
只ダ有ン敬亭山	只だ敬亭山有るのみ

(李白)

問一 「衆鳥高ク飛ビテ尽キ」を書き下し文にしなさい。

問二 「只ダ有ン敬亭山」を書き下し文を参考にしながら、一・二点を入れなさい。

問三 この漢詩の種類を、次のア〜エから一つ選び、記号で答えなさい。
　ア　五言絶句　　イ　五言律詩　　ウ　七言絶句　　エ　七言律詩

問四 次の文章の（　）にあてはまる語句を漢字二語で書きなさい。

　一句は「たくさんの鳥が飛び去りいなくなった」二句は「ぽつんと浮かぶ雲が去って静かになった」という意味です。このように、形や意味の似ている二つの句を並べる表現方法を（　）といいます。

問一			
問二 只ダ有ン敬亭山		問三	問四

第十六回テスト

吉野山やがて出でじと思ふ身を花散りなばと人や待つらん

　　　　　　　　　　新古今和歌集　西行法師

問一　思ふを現代的仮名遣いに直し、ひらがなで書きなさい。

問二　この歌のやはどの意味で使われているか、次から選び、記号で答えなさい。

　　ア　強調　　イ　疑問

問三　この歌の意味を書いた次の文の（　　）に適語を書きなさい。

　　世俗を離れるために（　①　）に行き、そのまま山を出るまいと思っていた。しかし、「（　②　）が散ってしまったら戻ってくるだろう」と親しい人は今頃待っているだろうか、と微妙に心が揺れている様子が詠まれている。

問四　新古今和歌集が書かれた時代を次のア～エから選び、記号で答えなさい。

　　ア　奈良時代　　イ　平安時代　　ウ　鎌倉時代　　エ　室町時代

問一	問二	問三①	②
問四			

詩についての設問に答えなさい。

問一　次の詩の種類を何というか、あとのア～エからそれぞれ選び、記号で答えなさい。

①現代の文法で書かれ、音数が自由な詩。

②古典文法で書かれ、各行の音数に決まりがある詩。

ア　口語定型詩　　イ　口語自由詩　　ウ　文語定型詩　　エ　文語自由詩

問二　次の文に使われている表現技法をあとのア～エからそれぞれ選び、記号で答えなさい。

①飛べ大空を。

②夜空に輝く満天の星。

③今日も空が泣いている。

④チーターのように速く走る。

ア　擬人法　　イ　直喩　　ウ　倒置　　エ　体言止め

問三　次の形式の歌はそれぞれ何というか、あとのア、イからそれぞれ選び、記号で答えなさい。

①「五・七・五・七・七」の三十一文字からなる定型詩。

②「五・七・五」の十七文字からなる定型詩

ア　俳句　　イ　短歌

問一①	②	問二①	②
③	④	問三①	②

第十八回テスト

中学生のスマートフォンの利用について、あとの条件に従って書きなさい。

条件
1. 二段構成とし、前段ではスマートフォンを持つことのメリットとデメリットを書き、後段ではあなたならどのようにスマートフォンを利用するか考えや意見を書くこと。
2. 全体を百五十字から二百字でまとめること。
3. 原稿用紙には題名や氏名は書かないで、正しい使い方に従って書くこと。

（解答欄：原稿用紙）

第十九回テスト

「感動した本」について、後の条件に従って書きなさい。

条件
1. 二段構成とし、前段では感動した本の題名と内容を書き、後段ではどのようなところに感動したか、どのようなことを考えたかを書くこと。
2. 全体を百五十字から二百字でまとめること。
3. 原稿用紙には題名や氏名は書かないで、正しい使い方に従って書くこと。

第二十回テスト

／12問

問一 □をうめて四字熟語を完成させなさい。

① 異□同音　　② 試行□誤　　③ 無我□中

④ 一朝一□　　⑤ 四苦□苦　　⑥ 危機一□

⑦ 馬□東風　　⑧ 一石□鳥　　⑨ 千変□化

①	②	③	④	⑤

⑥	⑦	⑧	⑨

83

問二 矢印の方向に読んで、漢字二字の熟語を完成させなさい。

① 間←□→紀　↑界

② 敬←□→厳　↑属

③ 人←□→直　↑朴

①	②	③

第二十一回テスト

／10 問

問一　次の漢字の部首名をあとのア〜オからそれぞれ選び、記号で答えなさい。

① 体　　② 原　　③ 店　　④ 笛　　⑤ 開

部首名　ア　もんがまえ　　イ　まだれ　　ウ　にんべん

　　　　エ　がんだれ　　オ　たけかんむり

①	②	③	④	⑤

問二　次の漢字の部首名をあとのア〜オからそれぞれ選び、記号で答えなさい。

① 家　　② 熱　　③ 郡　　④ 紙　　⑤ 草

部首名　ア　おおざと　　イ　れっか（れんが）　　ウ　くさかんむり

　　　　エ　いとへん　　オ　うかんむり

①	②	③	④	⑤

数学　解答・解説

解答例　第1回テスト

（1）$2x - 13y$　　（2）$28ab$　　（3）$x = 3y - 5$　　（4）ノート 120 円，鉛筆 30 円

（5）$\angle x = 54°$，$\angle y = 60°$

解き方

（3）$-x = -3y + 5$　両辺に -1 をかけて，$x = 3y - 5$

（4）ノート1冊の代金を x 円，鉛筆1本の代金を y 円とする。$\begin{cases} 3x + y = 390 \\ x + y = 150 \end{cases}$

（5）$\ell // m$ より，同位角は等しい。

解答例　第2回テスト

（1）$5x - y$　　（2）$-2b$　　（3）$x = 4, y = 7$　　（4）$y = 3x - 4$　　（5）$\angle x = 70°$

解き方

（2）$-\dfrac{6ab}{3a}$　　（3）加減法を使って解く。

（4）一次関数の式 $y = ax + b$ に $a = 3$，$b = -4$ を代入する。

（5）二等辺三角形なので，図の底角は共通である。よって，$(180° - 40°) \times \dfrac{1}{2} = 70°$

解答例　第3回テスト

（1）$10y + 15z$　　（2）$x = \dfrac{3}{2}y + 3$　　（3）$y = 2x + 3$　　（4）$\dfrac{1}{2}$　　（5）$\angle BCD = 120°$

解き方

（1）$5 \times 2y + 5 \times 3z$

（2）$-\dfrac{y}{2}$ を移項して，$\dfrac{x}{3} = \dfrac{y}{2} + 1$　　両辺に3をかけて，$x = \dfrac{3}{2}y + 3$

（3）一次関数の式 $y = ax + b$ に $(x, y) = (-1, 1)$ と，$(x, y) = (3, 9)$ を代入 $\begin{cases} 1 = -a + b \\ 9 = 3a + b \end{cases}$

（4）1枚のコインを投げたとき，出るのは表か裏かの2通り。

（5）平行四辺形の対角は等しいので，$\angle ABC = 60°$　　$\angle BCD = \{360° - (60° + 60°)\} \times \dfrac{1}{2} = 120°$

解答例　第4回テスト

（1）$2x + y$　　（2）$4a^2$　　（3）$A = 3m + 1$

（4）色鉛筆 4 本　，　鉛筆 6 本　　　　　　（5）

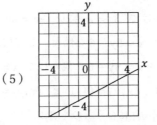

解き方

（1）$7x - 2y - 5x + 3y$　　（2）$(-2a) \times (-2a)$　　（3）$(A - 1) \div 3 = m$

（4）色鉛筆を買った本数を x 本，鉛筆を買った本数を y 本とすると，$\begin{cases} x + y = 10 \\ 110x + 60y = 800 \end{cases}$

（1）$4x$　　（2）$\dfrac{3}{2}y$　　（3）$y = -2x - 1$　　（4）$\dfrac{1}{2}$　　（5）$\angle ADC = 75°$

解き方

（1）$\dfrac{8xy}{2y}$　　（2）$\dfrac{2xy \times 9}{3 \times 4x}$

（3）$y = ax + b$ に，$(x, y) = (-1, 1)$ と，$(x, y) = (2, -5)$ を代入して，$\begin{cases} 1 = -a + b \\ -5 = 2a + b \end{cases}$　を解く。

（4）目の出かたは，$1, 2, 3, 4, 5, 6$ の 6 通り，偶数は，$2, 4, 6$ の 3 通り。　よって，$\dfrac{3}{6} = \dfrac{1}{2}$

（5）$\triangle BCA$ は $\angle B$ を頂角とする二等辺三角形なので，

$\angle A + \angle C = 180° - 40° = 140°$　$\angle A = \angle C = \dfrac{140°}{2} = 70°$

$\angle ACD = \angle BCD$ より，$\angle ACD = 35°$

$\triangle ACD$ において $\angle A = 70°$，$\angle ACD = 35°$ より，$\angle ADC = 180° - (70° + 35°) = 75°$

（1）$\dfrac{7x+y}{12}$　　（2）$-3x$　　（3）$x = 6, y = 5$　　（4）20 通り　　（5）$\angle a = 65°$

解き方

（1）$\dfrac{4(x-2y)}{12} + \dfrac{3(x+3y)}{12} = \dfrac{4x-8y}{12} + \dfrac{3x+9y}{12}$　　　（2）$-\dfrac{x^2 \times 3}{x}$

（3）$\begin{cases} 3x = 5y - 7 \\ 2x - 3y = -3 \end{cases}$　の上の式を 2 倍，下の式を 3 倍すると，$\begin{cases} 6x = 10y - 14 \\ 6x - 9y = -9 \end{cases}$　となる。

（4）5 人の中から部長を選ぶ選び方は 5 通り，副部長は残り 4 人

の中から 1 人選ぶので，4 通り。よって，$5 \times 4 = 20$ (通り)

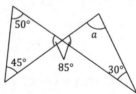

（5）対頂角は等しいので，

$\angle a = 180° - (30° + 85°) = 65°$

（1）$x - y$　　（2）$a = -2b + 3c$　　（3）$x = 4, y = 2$　　（4）$y = -\dfrac{1}{4}x + 2$　　（5）イ，ウ

解き方

（1）$2x - 6y - x + 5y$

（2）両辺に 3 をかけて，$3c = a + 2b$　$-a = 2b - 3c$　両辺に -1 をかけて，$a = -2b + 3c$

（3）$3x + y = 14$ に $x = 5y - 6$ を代入して，$3(5y - 6) + y = 14$　$15y - 18 + y = 14$　$16y = 32$

$y = 2$　これを $x = 5y - 6$ に代入して，$x = 5 \times 2 - 6 = 10 - 6 = 4$

（4）$y = ax + b$ に，$(x, y) = (4, 1)$ と，$(x, y) = (-8, 4)$ を代入して，$\begin{cases} 1 = 4a + b \\ 4 = -8a + b \end{cases}$　を解く。

（5）三角形の合同条件に合うものを選ぶ。

イ：2 組の辺とその間の角がそれぞれ等しい。

ウ：1 組の辺とその両端の角がそれぞれ等しい。

（1）$4y^2$　　（2）49　　（3）$x = -2, y = 2$　　（4）27 通り　　（5）$P\left(\dfrac{8}{3}, -\dfrac{7}{3}\right)$

解き方

（1）$\dfrac{8xy \times 6y}{12x}$　　（2）$x^2 - 3y = 5^2 - 3 \times (-8)$

（3）$\begin{cases} 3x - 4y + 6 = -8 \cdots① \\ 5x + y = -8 \qquad \cdots② \end{cases}$　　①＋②×4 をすると, $23x = -46$　$x = -2$

これを②に代入して, $-10 + y = -8$　$y = 2$

（4）Aさんがグーを出したときのBさん, Cさんの手の出し方は

右のように9通りになる。Aさんがチョキ, パーを出すとき

の出し方もそれぞれ9通りなので, $9 \times 3 = 27$（通り）

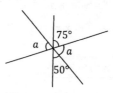

（5）直線 ℓ の式は, $y = -2x + 3$, 直線 m の式は, $y = x - 5$

交点は, $\begin{cases} y = -2x + 3 \\ y = x - 5 \end{cases}$　を解く。$x - 5 = -2x + 3$　$3x = 8$　$x = \dfrac{8}{3}$

これを下の式に代入して, $y = \dfrac{8}{3} - 5 = \dfrac{8}{3} - \dfrac{15}{3} = -\dfrac{7}{3}$

（1）$4xy + x + 3y$　　（2）$\dfrac{a + 11b}{6}$　　（3）$y = \dfrac{1}{2}x + \dfrac{5}{2}$　　（4）おとな 600 円 , 子ども 200 円

（5）$\angle a = 55°$

解き方

（2）$\dfrac{3(a+3b)}{6} - \dfrac{2(a-b)}{6} = \dfrac{3a + 9b - 2a + 2b}{6}$

（3）直線 $y = \dfrac{1}{2}x + 2$ に平行なので, 傾きは $\dfrac{1}{2}$　　$y = \dfrac{1}{2}x + b$ に $(1, 3)$ を代入して求める。

（4）おとなの入場料を x 円, 子どもの入場料を y 円とすると, $\begin{cases} 2x + y = 1400 \quad \cdots① \\ 3x + 4y = 2600 \cdots② \end{cases}$

①×4－②をすると, $5x = 3000$　$x = 600$　これを①に代入すると, $1200 + y = 1400$　$y = 200$

（5）対頂角は等しいので, $\angle a = 180° - (75° + 50°) = 55°$

（1）$\dfrac{3a + 16b}{5}$　　（2）$V = \pi r^2 h$　　（3）$x = 30, y = -10$　　（4）$\dfrac{1}{8}$

（5）ア, $AB = CD$　　イ, 斜辺と1つの鋭角

解き方

（1）$\dfrac{5(a+3b)}{5} - \dfrac{2a-b}{5} = \dfrac{5a + 15b - 2a + b}{5}$

（2）円柱の体積は, 底面積×高さ より, $V = \pi r^2 \times h$

（3）下の方程式のみ ×10 して, $\begin{cases} x + y = 20 \\ x - 3y = 60 \end{cases}$　として, 解く。

（4）3枚の硬貨の表裏の出方は 8 通り, すべて裏が出るのは 1 通り。

（1）$2x^2 - 10x + 13$　　（2）$x = 8, y = 7$　　　（3）平地 6 km , 坂道 6 km　　（4）$\dfrac{1}{9}$

（5）ア, $y = 3x$　イ, $y = 12$

解き方

（3）平地の道のりを x km, 坂道の道のりを y km とすると, $\begin{cases} x + y = 12 \cdots ① \\ \dfrac{x}{3} + \dfrac{y}{2} = 5 \cdots ② \end{cases}$ ①×2, ②×6 をして,

$\begin{cases} 2x + 2y = 24 & \cdots ③ \\ 2x + 3y = 30 & \cdots ④ \end{cases}$ ③－④をすると, $-y = -6$　$y = 6$　これを①に代入すると, $x = 6$

（4）2 つのさいころの目の出かたは, $6 \times 6 = 36$(通り)。

　　　出る目の和が 5 になる出かたは, $(1,4), (2,3), (3,2), (4,1)$の 4 通り。よって, $\dfrac{4}{36} = \dfrac{1}{9}$

（5）ア, 底辺が AB, 高さが x cm の三角形なので,　　$y = \dfrac{1}{2} \times 6 \times x = 3x$

　　　イ, 底辺が AB, 高さが 4 cm の三角形なので,　　$y = \dfrac{1}{2} \times 6 \times 4 = 12$

（1）$\dfrac{1}{6}a$　　（2）$x = 2, y = 1$　　（3）360°　（4）ア, 60 分　イ, 1 km

解き方

（2）$\begin{cases} 5x + y = 11 & \cdots ① \\ 3x - 5y + 10 = 11 & \cdots ② \end{cases}$ ①×5＋②をすると, $28x = 56$　$x = 2$

　　　これを①に代入して, $5 \times 2 + y = 11$　$y = 11 - 10 = 1$

（4）ア, y の値が一定である部分（$30 \leqq x \leqq 90$）は, 公園にいた。

　　　イ, 105 分後は走って帰っているときである。

　　　　走って帰っているとき（$90 \leqq x \leqq 120$）のグラフを式で表すと,

　　　　$y = ax + b$ へ 2 点 $(90,2), (120,0)$ を代入して,

　　　　$\begin{cases} 0 = 120a + b \\ 2 = 90a + b \end{cases}$ これを解いて, $a = -\dfrac{1}{15}$, $b = 8$　よって, $y = -\dfrac{1}{15}x + 8$ となる。

　　　　この式に $x = 105$ を代入して, $y = -\dfrac{1}{15} \times 105 + 8 = -7 + 8 = 1$

（1）$2n$　　（2）1276　　（3）$\mathrm{P}\left(\dfrac{5}{4}, -\dfrac{11}{4}\right)$　　（4）$\dfrac{7}{8}$　　（5）$\angle x = 55°$

解き方

（2）2 つの数を a, b とおくと, $\begin{cases} a + b = 80 \\ a = 2b + 14 \end{cases}$　$a = 58, b = 22$ より, 58×22

（3）$-3x + 1 = x - 4$　$-4x = -5$　$x = \dfrac{5}{4}$　　$y = -3 \times \dfrac{5}{4} + 1 = -\dfrac{15}{4} + \dfrac{4}{4} = -\dfrac{11}{4}$

（4）少なくとも 1 枚表が出る確率は, （1 － 表が出ない（すべて裏））

　　　すべて裏の確率は　$\dfrac{1}{8}$（第 10 回(4)より）よって, $1 - \dfrac{1}{8} = \dfrac{7}{8}$

（5）右図のように $\angle x$ を通り, ℓ , m に平行な直線を引く。

　　　平行線の錯角は等しいので, $\angle x = 25° + 30° = 55°$

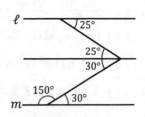

（1）$y = \dfrac{2}{3}x - 3$　　（2）$x = 6, y = 4$　　（3）$a = -\dfrac{1}{2}$　　（4）7角形

（5）速さ：秒速 $20\,\text{m}$　，列車の長さ：$200\,\text{m}$

解き方

（2）$\begin{cases} 2x = 3y & \cdots① \\ 5x - 4y = 14 & \cdots② \end{cases}$　$\begin{array}{l} ① \times 5, ② \times 2 \\ \text{をし, 移項すると} \end{array}$　$\begin{cases} 10x - 15y = 0 & \cdots③ \\ 10x - 8y = 28 & \cdots④ \end{cases}$　$\begin{array}{l} ③ - ④で, -7y = -28 \\ y = 4 \ \text{これを①に代入。} \end{array}$

（3）点 P は直線 $y = 2x + 1$ の点なので, $y = 2x + 1$ に $x = -2$ を代入すると, $y = -3$ とでるので,

　　　P$(-2, -3)$ とわかる。直線 $y = ax - 4$ も点 P を通るので, $x = -2, y = -3$ を代入して求める。

（4）n 角形の内角の和は, $180° \times (n - 2)$ より, $180° \times (n - 2) = 900°$

（5）列車の速さを秒速 $x\,(\text{m})$, 列車の長さを $y\,(\text{m})$ とおくと $\begin{cases} 70x = 1200 + y \\ 105x = 1900 + y \end{cases}$

（1）$12x^3$　　（2）-9　　（3）リンゴ 3 個, ナシ 8 個　　（4）$\dfrac{1}{4}$

（5）ア, $y = 3x$　イ, $y = 20 - 2x$

解き方

（1）$\dfrac{1}{3}x \times (-6x) \times (-6x)$

（2）$-2(x + 3y) + 3(5x + 6y) = -2x - 6y + 15x + 18y = 13x + 12y = 13 \times 3 + 12 \times (-4) = 39 - 48$

（3）リンゴを x 個, ナシを y 個買ったとすると, $\begin{cases} x + y = 11 \\ 100x + 130y = 1340 \end{cases}$

（4）トランプは全部で 52 枚, その中でスペードは 13 枚なので, $\dfrac{13}{52} = \dfrac{1}{4}$

（5）ア, $y = \dfrac{1}{2} \times 6 \times x = 3x$

イ, PA = BC + CA $- x$

　　　$= (4 + 6) - x$　$= 10 - x$

　　　$y = \dfrac{1}{2} \times (10 - x) \times 4$

　　　$= 20 - 2x$

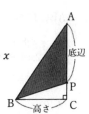

（1）$2xy^2$　　（2）第 1 四分位数：4 点,　第 2 四分位数：6 点,　第 3 四分位数：9 点

（3）$y = 200x + 2500$　　（4）$\dfrac{1}{6}$　　（5）右のグラフ

解き方

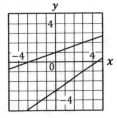

（2）小テストの点数を小さい順から並べると, $1, 3, 5, 5, 6, 8, 9, 9, 10$ となる。

　　　総数が 9 つの奇数なので,　$\underbrace{1,\ 3,\ \underbrace{5,\ 5}_{\substack{\text{前半部分の中央値} \\ \text{が第1四分位数}}}},\ \underbrace{6}_{\substack{\text{第2四分位数} \\ \text{(全体の中央値)}}},\ \underbrace{8,\ 9,\ 9,\ 10}_{\substack{\text{後半部分の中央値} \\ \text{が第3四分位数}}}$

（4）ゾロ目が出るのは, $(1,1), (2,2), (3,3), (4,4), (5,5), (6,6)$ の 6 通り,

　　　2 つのサイコロの目の出かたは, $6 \times 6 = 36$ 通り。よって, $\dfrac{6}{36} = \dfrac{1}{6}$

（1）$x = -10, y = 4$　　（2）靴 7200 円 , シャツ 1600 円　　（3）P$\left(\frac{9}{4}, 0\right)$

（4）$\frac{2}{3}$　　（5）$\angle a = 95°$

解き方

（2）靴の値段を x 円, シャツの値段を y 円とすると,　$\begin{cases} x + y = 8800 & \cdots① \\ \frac{80}{100}x + \frac{60}{100}y = 6720 & \cdots② \end{cases}$

　　　①× 6 −②× 10 をすると, $-2x = -14400$　　$x = 7200$　　これを①に代入して求める。

（3）x 軸との交点なので, $y = 0$ のときの x の値を求めればよい。

（4）3 つの数字の並べ方は, ⃝456, 465, ⃝546, ⃝564, 645, ⃝654 の 6 通り。よって, $\frac{4}{6} = \frac{2}{3}$

（5）$\angle a = 25° + 40° + 30° = 95°$

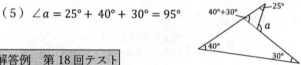

（1）$\frac{1}{3}\pi r^2 h$　　（2）2 点シュート 13 本 , 3 点シュート 8 本　　（3）$-5 \leqq y \leqq 4$

（4）$\frac{1}{13}$　　（5）25

解き方

（1）円錐の体積は, $\frac{1}{3} ×$(底面積)×(高さ)より, $\frac{1}{3} × \pi × r^2 × h$

（2）2 点シュートを入れた本数を x 本, 3 点シュートを入れた本数を y 本とすると,

　　　$\begin{cases} x + y = 21 & \cdots① \\ 2x + 3y = 50 & \cdots② \end{cases}$　　①× 2 −②をすると, $-y = -8$　　$y = 8$

　　　これを①に代入して, $x + 8 = 21$　　$x = 13$

（3）$x = -1$ のとき, $y = -5$　　$x = 2$ のとき, $y = 4$ となる。

（4）52 枚のトランプの中にエース（A）は 4 枚あるので, $\frac{4}{52} = \frac{1}{13}$

（5）△ABC において, 線分 BC を底辺としてみると, 高さは点 A の y 座標と等しい。

　　　$\begin{cases} y = \frac{2}{3}x + 4 \\ y = -2x + 8 \end{cases}$ を解いて, 点 A の座標を求めると, A$\left(\frac{3}{2}, 5\right)$,　$y = \frac{2}{3}x + 4$ に $y = 0$ を代入して

　　　点 B の座標を求めると, B$(-6, 0)$,　$y = -2x + 8$ に $y = 0$ を代入して点 C の座標を求めると

　　　C$(4, 0)$　　　よって△ABC の面積は, $\frac{1}{2} × \{4 - (-6)\} × 5 = 25$

（1）$x = 3, y = -2$　　（2）$y = -\frac{1}{2}x + 3$　　（3）10 試合　　（4）180°

（5）ア, $2(m + n + 1)$　　イ, $m + n + 1$

解き方

（1）$\begin{cases} \frac{1}{3}x - \frac{1}{2}y = 2 & \cdots① \\ -2x + 5y = -16 & \cdots② \end{cases}$　　①× 6 +②をすると, $2y = -4$　　$y = -2$　②に代入して x を求める。

（2）求める一次関数の式を $y = ax + b$ とする。　　このグラフが 2 点 $(4, 1)$, $(-2, 4)$ を通るので,

　　　傾き a は, $a = \frac{4-1}{-2-4} = -\frac{3}{6} = -\frac{1}{2}$　　よって, $y = -\frac{1}{2}x + b$

　　　グラフは点 $(4, 1)$ を通るので, $x = 4, y = 1$ を代入　$1 = -2 + b$　　$b = 3$　　よって $y = -\frac{1}{2}x + 3$

　　　別解：連立方程式 $\begin{cases} 1 = 4a + b \\ 4 = -2a + b \end{cases}$ を解き, a, b を求める。

（3）考えられるすべての場合を正確に数え上げるには樹形図や表を書くとよい。

各チームの対戦が1回ずつというところに
注意して樹形図を書くと右のようになり，
全部で10通りである。

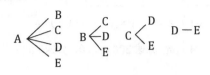

（4）∠ABG を∠DBF の外角という視点で見ると，

∠ABG ＝∠D ＋∠F … ①

同様に∠AGB を∠CGE の外角という視点で見ると，

∠AGB ＝∠C ＋∠E … ②

△ABG において，∠A ＋∠ABG ＋∠AGB ＝180°

①，②より，∠A ＋∠C ＋∠D ＋∠E ＋∠F ＝180°

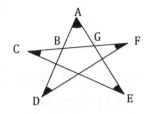

解答例　第20回テスト

（1）$6xy - 2x$　　（2）$y = -7x + 10$　　（3）$y = -\dfrac{2}{5}x + 12$　　（4）鈍角三角形

（5）範囲：12 時間　，　四分位範囲：6 時間

解き方

（1）$2x \times 4y + 2x \times \left(-\dfrac{1}{3}\right) - \dfrac{2}{3}x \times 3y - \dfrac{2}{3}x \times 2 = 8xy - \dfrac{2}{3}x - 2xy - \dfrac{4}{3}x$

（2）変化の割合が -7 より，$y = -7x + b$ とする。この式に $x = 5$，$y = -25$ を代入して，b を求める。

（3）y は x の一次関数なので，$y = ax + b$ に代入し，$\begin{cases} 8 = 10a + b \\ 6 = 15a + b \end{cases}$

（4）0°より大きく 90° より小さい角を鋭角，90° より大きく 180° より小さい角を鈍角という。

（5）まずは家庭での学習時間を小さい順に並べる。

2，　4，　5，　6，　8，　9，　9，　11，　12，　14

（範囲）＝（最大値）−（最小値）　なので，$14 - 2 = 12$

（前半部分の中央値が第1四分位数　第2四分位数（全体の中央値）　後半部分の中央値が第3四分位数）

四分位範囲 ＝（第3四分位数）−（第1四分位数）

なので，$11 - 5 = 6$

解答例　第21回テスト

（1）$y = \dfrac{4}{5}x - \dfrac{6}{5}$　　（2）$y = \dfrac{3}{5}x - 1$　　（3）$\dfrac{5}{36}$　　（4）おとな 220 人，子ども 320 人　　（5）56°

解き方

（3）2つのサイコロの出る目が 6 になるのは，$(1, 5), (2, 4), (3, 3), (4, 2), (5, 1)$ の 5 通り

（4）1日目のおとなの入場者数を x 人，子どもの入場者数を y 人とすると，

$\begin{cases} x + y = 540 \\ \dfrac{20}{100}x + \dfrac{50}{100}y = 204 \end{cases}$　または，$\begin{cases} x + y = 540 \\ \dfrac{120}{100}x + \dfrac{150}{100}y = 744 \end{cases}$

（5）ℓ，m に平行な線を書き加えると，平行線の錯角
は等しいので，∠$x = 38° + 18° = 56°$

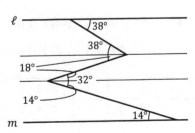

解答例　第22回テスト

（1）$x = 3, y = 6$　　　（2） 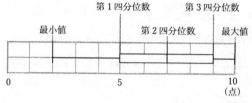　　　（3）$y = -2x - 8$

（4）兄 分速200 m , 弟 分速50 m　　（5）3組の辺がそれぞれ等しい。

2組の辺とその間の角がそれぞれ等しい。

1組の辺とその両端の角がそれぞれ等しい。

解き方

（2）資料より, 最小値：2, 最大値：10

　　第1四分位数：5

　　第2四分位数：7

　　第3四分位数：9

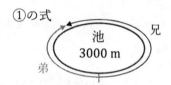

（3）変化の割合$(a) = \dfrac{y \text{の増加量}}{x \text{の増加量}} = -2$, $y = ax + b$ へ $a = -2$, $x = 0$, $y = -8$ を代入して b を求める。

（4）兄の速さを, 分速 a (m) , 弟の速さを, 分速 b (m) とすると, $\begin{cases} 12a + 12b = 3000 \cdots ① \\ 20a - 20b = 3000 \cdots ② \end{cases}$

　　①÷3＋②÷5をすると, $8a = 1600$　$a = 200$　これを①に代入して, b も求める。

①の式　　　　　　　　　　　　　　②の式

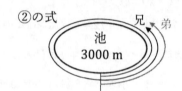

解答例　第23回テスト

（1）10%　　（2）道のり 1500 m , 時間 25分　　（3）$y = -3x - 6$　　（4）$\dfrac{1}{2}$

（5）ア, 10　イ, 8　ウ, 60　エ, 120

解き方

（1）食塩水の濃度(%)＝$\dfrac{\text{食塩の質量（g）}}{\text{食塩水全体の質量（g）}} \times 100$ より, $\dfrac{20}{180+20} \times 100$

（2）自宅から公園までにかかった時間を x 分,

　　公園から図書館までにかかった時間を y 分とすると, $\begin{cases} 60x + 80y = 3500 \\ x + y = 50 \end{cases}$

　　これを解くと, $x = 25$, $y = 25$ とでる。道のり＝速さ×時間より, $60 \times 25 = 1500$

（3）$y = ax + b$ へ $a = -3$, $x = 3$, $y = -15$ を代入して b を求める。

（4）2つの数字の和が偶数になるのは, 奇数+奇数, 偶数+偶数である。

　　すべて書き出すと, 以下のとおり全18通りである。よって, $\dfrac{18}{36} = \dfrac{1}{2}$

大	1	2	3	4	5	6
小	1, 3, 5	2, 4, 6	1, 3, 5	2, 4, 6	1, 3, 5	2, 4, 6

（1）$\frac{8x+5y}{18}$　　（2）2%食塩水　300 g,　7%食塩水　200 g　　　（3）$y=-2x+10$　　（4）$\frac{9}{10}$

（5）① 12　　② $y=4x-4$

解き方

（1）$\frac{3(2x+3y)}{18}+\frac{2(x-2y)}{18}=\frac{6x+9y+2x-4y}{18}$

（2）4%の食塩水 500 g には食塩が 20 g 含まれている。（$\frac{4}{100}\times500=20$）

　　混ぜあわせる 2%食塩水の量を x g,7%食塩水の量を y g とすると，$\begin{cases} x+y=500 \\ \frac{2}{100}x+\frac{7}{100}y=20 \end{cases}$

（3）点$(3,4)$ を通るので,$4=3a+b$　　　点$(6,-2)$ を通るので, $-2=6a+b$

　　この 2 つを連立方程式にして解くと,$a=-2$, $b=10$ とでる。

（4）確率の問題で, 少なくとも○○と聞かれているときは，　1－（反対の事）で求めたほうが簡単に

　　求められることが多い。今回の場合は少なくとも 1 人は男子が選ばれる確率なので,

　　1－（男子が 1 人も選ばれない確率（すべて女子））　　よって, $1-\frac{1}{10}=\frac{9}{10}$

　　別解　　樹形図で表すと, 下のようになる。

男1 — 男2 ○ / 男3 ○ / 女1 ○ / 女2 ○　　男2 — 男3 ○ / 女1 ○ / 女2 ○　　男3 — 女1 ○ / 女2 ○　　女1 — 女2 ×

（5）①△ABC において, 線分 BC を底辺とみると, 高さは点 A の y 座標に等しい。

　　それぞれの点は, A(2,4), B(-2,0), C(4,0) より, △ABC$=\frac{1}{2}\times\{4-(-2)\}\times4=\frac{1}{2}\times6\times4=12$

　　②求める直線と x 軸との交点を点 D とする。点 A を通り, △ABC を 2 等分する線は, 線分 BC の

　　中点を通るので, D $(\frac{4+(-2)}{2},0)$ より, A(2,4)と D(1,0)の 2 点を通る直線の式を求める。

（1）$-8b^2$　　（2）第 1 四分位数：19.5 kg　第 2 四分位数：24 kg　第 3 四分位数：32 kg

（3）$x=5$　　（4）$\frac{3}{4}$　　（5）ア，CA　イ，∠CAD　ウ，2 組の辺とその間の角がそれぞれ等しい

解き方

（1）$-\frac{16ab\times2ab}{4a^2}$

（2）第 1 四分位数$=\frac{19+20}{2}=19.5$,　第 2 四分位数$=\frac{22+26}{2}=24$,　第 3 四分位数$=\frac{30+34}{2}=32$

（4）第 24 回テスト（4）と同様にどちらも偶数の場合を求めると,

　　右のようになるので, $1-\frac{9}{36}=\frac{27}{36}=\frac{3}{4}$

大	2	4	6
小	2,4,6	2,4,6	2,4,6

（1）21　　（2）$\frac{5}{8}$　　（3）$-2 \leqq y \leqq 7$　　（4）20°　　（5）製品A　900個，製品B　300個

解き方

（1）$-2(4x - 5y) + 7(4x - y) = -8x + 10y + 28x - 7y = 20x + 3y = 20 \times 2.4 + 3 \times (-9)$

（2）

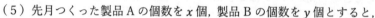

```
     10円   50円  100円              10円   50円  100円
                 表（160円）                       表（150円）
           表                              表
                 裏（60円）                        裏（50円）
     表                             裏
                 表（110円）                       表（100円）
           裏                              裏
                 裏（10円）                        裏（0円）
```

（3）$y = -\frac{3}{2}x + 4$ へ $x = -2$ を代入すると，$y = -\frac{3}{2} \times (-2) + 4 = 7$

　　　$x = 4$ を代入すると，$y = -\frac{3}{2} \times 4 + 4 = -2$

（4）右図のように，平行線の錯角が等しいことを利用する。

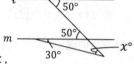

（5）先月つくった製品Aの個数を x 個，製品Bの個数を y 個とすると，

$$\begin{cases} x + y = 1200 \\ \frac{85}{100}x + \frac{125}{100}y = 1140 \end{cases} \text{または，} \begin{cases} x + y = 1200 \\ -\frac{15}{100}x + \frac{25}{100}y = -60 \end{cases}$$

（1）$y = x^3$　　（2）A 分速 145 m，B 分速 105 m　　（3）$a = 4$　　（4）$\frac{3}{13}$

（5）ア，∠ECM　　イ，1組の辺とその両端の角　　ウ，対角線がそれぞれの中点で交わる

解き方

（2）第22回テスト（4）と同様に考え，Aの速さを分速 x m，Bの速さを分速 y m とすると，

$$\begin{cases} 8x + 8y = 2000 & \cdots ① \\ 50x - 50y = 2000 & \cdots ② \end{cases}$$ ①×5＋②×$\frac{4}{5}$ をすると，$80x = 11600$　　$x = 145$

これを①に代入して，$1160 + 8y = 2000$　　$8y = 840$　　$y = 105$

（3）x 軸上で交わるので，$y = 0$ を直線 $5x + 2y = 10$ の式に代入すると，$x = 2$ とでるので，

　　　交点の座標が $(2, 0)$ と分かる。これを $ax - y = 8$ に代入する。

（4）52枚のトランプの中に3以下の数字は，

　　　12枚ある。（♦，♥，♣，♠ それぞれの1，2，3）　　よって，$\frac{12}{52} = \frac{3}{13}$

（1）$-6x^2y^2z^2$　　（2）2304　　（3）-9　　（4）18通り　　（5）ア，イ，オ

解き方

（2）2つの数を x, y とおくと，$\begin{cases} x + y = 100 \\ x = 2y - 8 \end{cases}$　　$x = 64, y = 36$ より，64×36

（3）$\frac{y \text{の増加量}}{x \text{の増加量}}$ が傾きなので，$\frac{y \text{の増加量}}{3} = -3$

（4）3けたの数字をつくるとき，百の位には0がこないことに注意して並べかえる。

右のように百の位が1の場合は，6通り。

百の位にくるのは，1，2，3の3通り。よって，$6 \times 3 = 18$ 通り

（5）

最小値　　第1四分位数　　第2四分位数　第3四分位数　　最大値
　　　　　　　　　　　　　（中央値）

（1）$x = \frac{3}{2}$, $y = -4$　　　（2）$y = \frac{1}{4}x + \frac{19}{4}$　　（3）十角形　　（4）$\frac{2}{5}$

（5）$x = 9\,\mathrm{cm}$, $\angle a = 75°$

解き方

（2）求める直線の式は $y = \frac{1}{4}x - 2$ のグラフに平行なので，傾きは $\frac{1}{4}$

また，点 $(1,5)$ を通るので，$5 = \frac{1}{4} \times 1 + b$　$b = \frac{19}{4}$

（3）内角の和は，$180° \times (n - 2) = 1440°$　と表される。

（4）
赤1 ← 赤2／赤3／白1○／白2○／黒　　赤2 ← 赤3／白1○／白2○／黒　　赤3 ← 白1○／白2○／黒　　白1 ← 白2／黒　　白2 ── 黒

（5）四角形 CFIH が平行四辺形であることに気が付けばスムーズに解ける。

$x = 13 - 4 = 9\,(\mathrm{cm})$　　　$\angle a = \{360° - (105° \times 2)\} \div 2 = 75°$

（1）$x = 3$, $y = 6$　　（2）おとな 800 円，子ども 500 円　　　（3）$y = -70x + 2800$

（4）ア，×　イ，×　ウ，○　　（5）①　10m　②

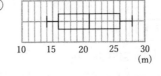

解き方

（1）$\begin{cases} \frac{x - 3y}{3} = -5 \\ -\frac{4x + 3y}{6} = -5 \end{cases}$

（2）おとなの入場料を x 円，子どもの入場料を y 円とすると，$\begin{cases} 3x + 5y = 4900 \\ 4x + 6y = 6200 \end{cases}$

（5）①　データを小さい中から順に並べると，14，15，17，20，21，23，25，27，28

第1四分位数 $= \frac{15 + 17}{2} = 16$，第3四分位数 $= \frac{25 + 27}{2} = 26$　よって，四分位範囲 $= 26 - 16$

②　最小値：14　最大値：28　中央値：21

英語　解答・解説

解答例　第1回テスト

（1）was　　（2）look, happy　　（3）Is she going to visit Tokyo next week ?

（4）He went to Kyoto last month.　　（5）① あなたは日本でよい時を過ごしましたか。　② did

解説

（1）「先週、このノートは 100 円でした。」　　（2）look happy　幸せそうに見える

（3）「彼女は来週東京を訪れるつもりですか。」　be going to …するつもりだ

（4）went は go の過去形　　（5）have a good time　よい時を過ごす

解答例　第2回テスト

（1）didn't　　（2）Where, were　　（3）She was a teacher five years ago.

（4）We went fishing last Sunday.　　（5）① あなたはサキに何をあげましたか。　② gave

解説

（1）「昨日、彼は私の家に来ませんでした。」yesterday なので didn't　　（2）where　どこに

（3）「彼女は 5 年前教師でした。」ago（今から）…前に　　（4）go …ing …しに行く

（5）② gave は give（〜を与える、渡す）の過去形　give＋(人)＋(もの)　(人)に(もの)を与える

　　　「私は彼女にペンをあげました。」

解答例　第3回テスト

（1）going　　（2）Show, me　　（3）Is Ken going to leave Kumamoto next Saturday ?

（4）People call it Big Ben.　（5）① あなたはどれくらい長く滞在するつもりですか。　② For

解説

（1）「私はこの本を読むつもりです。」　be going to …するつもりだ

（2）show＋(人)＋(もの)　(人)に(もの)を見せる

（3）「ケンは次の土曜日に熊本を出発するつもりですか。」

（4）call …を(〜と)呼ぶ　　（5）②「7 日間です。」　for …の間(ずっと)

解答例　第4回テスト

（1）him　　（2）going, to　　（3）I was listening to music then.

（4）May I ask you a favor ?　　（5）① 私の写真を撮ってくださいませんか。　② sorry

解説

（1）「彼女は彼にラケットを買ってあげました。」him 彼に[を]　　（2）tomorrow なので I am going to

（3）「そのとき私は音楽を聞いていました。」過去進行形 was, were …ing …していた　then そのときに

（4）May I …?　…してもよいですか。

（5）「すみません。」「私は今、忙しいです。」　Could you …?　…してくださいませんか。

解答例　第5回テスト

（1）to study　　（2）want, to, be (become)　　（3）Does he want to go fishing ?

（4）We have many things to do.　　（5）① 昨日、あなたは家にいましたか。　② wasn't

解説

（1）「ケンは音楽を勉強するためにアメリカへ行きました。」 to study　勉強するために

（2）want to ...　…したい

（3）「彼は魚つりに行きたがっていますか。」主語が三人称単数(he)で現在形の疑問文　Does he want to...?

（4）many things to do　すべき（やるべき）たくさんのこと　（5）②「いいえ、いませんでした。」

解答例　第6回テスト

（1）them　　（2）to, to, study　　（3）What does Taro want to be ?

（4）To play soccer is fun.　　（5）① I, use, this, computer　② Sure

解説

（1）「彼女は彼らに昼食を作ってあげます。」 for them　彼ら（彼女ら）のために

（3）「タロウは何になりたがっていますか。」 What の後に、三人称単数の疑問文　does Taro want ...?

（5）① May I ...?　…してもよいですか。

解答例　第7回テスト

（1）to　　（2）have, to　　（3）She doesn't have to cook dinner.

（4）I will show you some pictures tomorrow.

（5）① 私はその駅への行き方がわかりません。　② I'll

解説

（1）「英語を勉強することは大切です。」 It is ～ to ...　…することは～です　important 重要な

（2）have to　…しなければならない

（3）「彼女は夕食を作らなくてもよいです。」 主語が三人称単数(she)の否定文　she doesn't have to

（4）will　…でしょう、…だろう、…するつもりだ

（5）① how to + 動詞の原形　どのように～するか　get to　…に着く、到着する

　　② 「わかりました。私が教えます。」 tell　…に(～を)話す、教える

解答例　第8回テスト

（1）Are　　（2）is, interested, in　　（3）I want to be (become) a teacher.

（4）I don't have to speak English.　　（5）① あなたは宿題をするつもりですか。　② will

解説

（1）「来年、あなたは日本を訪れるつもりですか。」主語が二人称(you)なので　Are you going to ...?

（2）be interested in　…に興味がある　　（3）want to+be(become)　…になりたい

（4）don't have to　…しなくてよい　　（5）②「はい、するつもりです。」

-13-　　　　　　　　　　　2年　英語

解答例　第9回テスト

（1）help　　（2）must,　not　　（3）Don't run in this room.

（4）If you like this book　　（5）① エリカをお願いします。　② out,　now

解説

（1）「彼女は彼女のお母さんを手伝わなければなりません。」　must　…しなければならない

　　must などの助動詞の後には動詞の原形を置く。

（2）must not　…してはならない

（3）「この部屋で走ってはいけません。」　Don't＋動詞の原形…　〜してはいけない

（4）if もし…ならば　（5）電話をかける側が使う表現　May I speak to ..., please？ …をお願いします。

解答例　第10回テスト

（1）has　　（2）Is,　waiting,　for　　（3）When did they go to Okinawa？

（4）I think that baseball is interesting.　（5）① いっしょに公園に行きませんか。　② but

解説

（1）「彼はたくさんの本を持っています。」　主語が三人称単数(He)なので has

（2）主語が三人称単数(she)　現在進行形の疑問文　Is she waiting for ...？　　wait for ...　…を待つ

（3）「彼らはいつ沖縄へ行きましたか。」　when　いつ　　（4）I think that ...　私は…と思う

（5）① Why don't we ...？　（いっしょに)…しませんか。　②「すみませんが、行けません。」

解答例　第11回テスト

（1）be　　（2）Why,　don't,　we　　（3）He has to study English every day.

（4）May I read this newspaper？

（5）① あなたはケンがアメリカ出身だと知っていますか。　② don't

解説

（1）「明日は晴れるでしょう。」　will＋動詞の原形（is, am, are の原形は be）

（3）「彼は毎日英語を勉強しなければなりません。」主語が三人称単数(He)で現在の文では has

（4）May I ...？　…してもよいですか。

（5）Do you know that ...？　…だと知っていますか。　is, are, am+from+出身地名 …出身である

解答例　第12回テスト

（1）These　　（2）When,　you,　are,　busy　　（3）Must I help Ms. Green？

（4）Take care of yourself.

（5）① あなたは昨夜、何の教科を勉強しましたか。　② 私は英語を勉強しました。

解説

（1）「これらはユニバーサルデザインの商品です。」　these これら　　（2）when …するときに

（3）「私はグリーンさんを手伝わなければなりませんか。」　（5）What subject　何の教科

解答例　第13回テスト
（1）Which　　（2）How, long　　（3）There are three movie theaters in my city.
（4）What should I do for him?　　（5）① 11月20日　② 午後6時30分

解説
（1）「市立病院へ行くのはどのバスですか。」　Which どちらの　（2）How long …? どれくらい長く（長い）
（3）「私の市には3つの映画館があります。」　複数の s がつく three movie theaters
（4）should …すべきである　（5）p.m. 午後

解答例　第14回テスト
（1）any　　（2）enjoyed, listening　　（3）She finished reading the book.
（4）Playing soccer is fun.　　（5）① 木の下に自転車がありますか。　② there, is

解説
（1）「あなたは休みの間、何か予定はありますか。」　any は疑問文で「いくらかの、何らかの」
（2）enjoy …ing …して楽しむ　（3）「彼女はその本を読み終えました。」finish …ing …し終える
（4）playing soccer サッカーをすること　（5）under …の下に[で]

解答例　第15回テスト
（1）playing　　（2）because, he, was　　（3）The dolphin is larger than the tuna.
（4）July is hotter than June.
（5）① あなたの学校はこの市でいちばん古いですか。　② it, is

解説
（1）「私たちはテレビゲームをして楽しみました。」　enjoy …ing …して楽しむ
（2）because …だから,…なので　（3）「イルカはマグロよりも大きいです。」larger より大きい
（4）hotter より暑い　（5）oldest いちばん古い

解答例　第16回テスト
（1）more popular　　（2）the, most, interesting, of
（3）We were in the park yesterday.
（4）Please show me your new bike.（Show me your new bike, please.）
（5）① 駅までどのくらい時間がかかりますか。　② takes, about, twenty

解説
（1）「この映画はあの映画より人気があります。」more （〜より）もっと…
（2）most いちばん… 最も…
（3）「昨日、私たちは公園にいました。」yesterday なので We were
（5）How long …? どのくらい長く（長い）　take （時間などが）かかる

（1）old　　　（2）older，or　　　（3）It will be sunny tomorrow.

（4）Tokyo is the biggest city in Japan.　　　（5）① How，much，is　② sixty

解説

（1）「私はあなたのお姉さん（妹）と同じくらいの年です。」　as ... as 〜　〜と同じくらい…

（2）older　より年をとった(年上の)　　（3）「明日は晴れるでしょう。」tomorrow なので It will be

（4）biggest　いちばん大きな　　　　　（5）How much ...?　…はいくらですか。

（1）in　　　（2）faster，than　　　（3）My dog is the prettiest of all.

（4）Shall I show you a smaller one ?

（5）① あなたの学校は生徒が何人いますか。　② hundred

解説

（1）「私は音楽に興味があります。」　be interested in　…に興味がある　　（2）faster　より速く

（3）「私の犬は全ての中でいちばんかわいいです。」prettiest　いちばんかわいい

（4）a smaller one　より小さいもの　　Shall I ...?　…しましょうか。

（5）B：「140 人の生徒がいます。」　　How many ...?　どれくらい多くの、いくつの

（1）better　　　（2）I，think　　　（3）baseball，player

（4）Both he and his brother got up early.

（5）① なぜマイクが好きなのですか。　② Because

解説

（1）「彼は野球よりサッカーの方が好きです。」　better　より以上に

（2）I think that ...　私は…だと思う

（3）「彼は野球が上手です。」＝「彼はよい野球選手です。」

（4）both ... and 〜　…も〜も両方　　（5）②「なぜなら彼は親切だからです。」

（1）much　　　（2）live，without　　　（3）Shall　　　（4）He may come this evening.

（5）① 私はサッカーはとてもわくわくさせるスポーツだと思います。　② too

解説

（1）「花にはたくさんの水が必要です。」a few　少数の　　many（数が）たくさんの　　much（量が）多くの

（2）without　…なしで　　（3）「夕食を作りましょうか。」　Shall I(we) ...?　…しましょうか。

（4）may　…かもしれない　may などの助動詞の後には動詞の原形を置く。

（5）I think(that)...　私は…だと思います。　that は省略してもよい。

解答例　第21回テスト

（1）of　　（2）are，called　　（3）The car is not(isn't) washed by my father.

（4）To play abroad is not easy.　　（5）① learning　② to learn　③ to study

解説

（1）「その場所は人々でいっぱいでした。」　be full of　…でいっぱいである

（2）What の後に、二人称(you)の受け身の疑問文　are you called

（3）「その車は私の父親によって洗われません。」受け身の否定文　be 動詞＋ not ＋過去分詞
　　　by …によって

（5）私は今、日本語を学んでいます。私は日本についてもっと学びたいです。
　　　私は日本の大学で勉強したいです。
　　　① 現在進行形　am, are, is＋…ing　　②③ want to …　…したい

解答例　第22回テスト

（1）by　　（2）to，to，do　　（3）You must not eat in this park.

（4）You don't have to go to school on Sunday.　　（5）① got　② said　③ to go　④ left

解説

（1）「あなたは列車でそこへ行きましたか。」　by train　列車で

（2）to do　…をするために

（3）「この公園では食べてはいけません。」

（4）don't have to　…しなくてよい

（5）ある月曜日の朝、私は遅く起きました。私の母が私に言いました。「8時よ。もう学校へ行く時間
　　　よ。」「わかった！」私は答えて、急いで家を出ました。　time to …　…する時間

解答例　第23回テスト

（1）weren't　　（2）will，be，loved　　（3）It will be cold.

（4）Do you want to go fishing ?　　（5）① in　② to　③ to

解説

（1）「昨日、彼らは学校にいませんでした。」主語が They(彼らは、彼女らは)なので weren't

（2）助動詞 will(…でしょう)の後に受け身の文がくる場合、will be loved

（3）「寒くなるでしょう。」

（4）Do you want to …?　…しませんか。

（5）デイビッドは日本の文化に興味がありました。彼は伝統的な日本のスポーツに挑戦したがってい
　　　ました。しかし、それらをする機会がありませんでした。
　　　① be interested in　…に興味がある　　② want to …　…したい
　　　③ a chance to do　する(ための)機会

（1）when　　（2）has，children　　（3）There，are

（4）Most of the people use this energy.　　（5）① ウ　② ア

解説

（1）「私が起きたとき、私の母は料理をしていました。」when …するときに

（2）主語が三人称単数(Mr.Brown)なので、Mr.Brown has

（3）「彼の家には6部屋あります。」　There is(are)　…がある　　（4）most of　…の大部分

（5）① 私はその映画を見るのを楽しみに待っています。　look forward to　…を楽しみに待つ

　　② 私はコンピュータを使おうとしましたが、彼がそれを使っていました。だから私は本を読み
　　　始めました。

（1）better　　（2）as，new，as　　（3）He is going to leave Japan.

（4）What are you going to do next Wednesday ?　　（5）ウ

解説

（1）「タロウはカズオよりじょうずにバイオリンをひきます。」better　よりよく、より以上に

（2）as … as 〜　〜と同じくらい…　　（3）「彼は日本を出発する予定です。」

（5）A：「あなたは忙しそうです。お手伝いしましょうか。」

　　B：「はい、お願いします。ドアをそうじしてくれますか。」

（1）came　　（2）need，to，every，day　　（3）is，cleaned

（4）The plan sounds great.　　（5）イ

解説

（1）「ベスは昨年、日本語を勉強するために日本へ来ました。」last year なので came

（2）need to　…する必要がある　　（3）「この部屋は私の母によって毎日そうじされます。」

（4）sound　…に聞こえる、思える　　great　すごい、すばらしい、とても楽しい

（5）A：「どこへ行くのですか。」　B：「買い物に行くところです。」

　　A：「私にノートを買ってきてもらえますか。」　B：「はい、あなたにノートを買ってきます。」

（1）goes　　（2）the，most，popular　　（3）She should take her umbrella today.

（4）Australia isn't as large as Canada.　　（5）ウ

解説

（1）「緑駅へ行くのはどのバスですか。」Which どちらの、どの　　（2）most いちばん… 最も…

（3）「彼女は今日は傘を持っていくべきです。」 should などの助動詞の後には動詞の原形を置く。

（4）not as ... as 〜　〜ほど…でない

（5）A：「私は先週新しいラケットを買いました。」

B：「本当ですか。次の日曜日にテニスをしませんか。」　Shall we ... ?　…しましょうか。

A：「わかりました。わくわくします。」

解答例　第28回テスト

（1）or　　　（2）is,　more,　difficult　　　（3）better,　than

（4）I met Alex's sister three days ago.　　（5）youngest

解説

（1）「数学と科学では、あなたはどちらの方が好きですか。」Which どちらの　or　…かまたは〜

（3）「あなたの自転車は私のものよりもよいです。」　better もっとよい、よくなって

（5）A「あなたには何人かの兄弟か姉妹がいますか。」

B「はい。２人の姉がいます。だから私は３人の中でいちばん若いです。」

解答例　第29回テスト

（1）to read　　　（2）Are,　there,　any　　　（3）Canada is as large as America.

（4）Do you think that math is easy ?　　（5）① あなたは昼食を作りましたか。　② cooking

解説

（1）「私はこの本を読みたいです。」　　（2）any　（疑問文で）いくらかの

（3）「カナダはアメリカと同じくらい大きいです。」　as ... as 〜　〜と同じくらい…

（5）B：「いいえ。私の父が作りました。彼は料理をすることが好きです。」

like ...ing　…するのが好きである

解答例　第30回テスト

（1）because　　　（2）has,　to,　do　　　（3）There,　are

（4）Baseball is more popular than soccer.　　（5）① looking　② 何色がよろしいですか。

解説

（1）「暑かったので、私は窓を開けました。」　because …だから、…なので

（2）主語が三人称単数(She)なので has　many things to do するべきたくさんのこと

（3）「６月は３０日あります。」　　（4）more （〜より）もっと…

（5）「いらっしゃいませ。」

「私はＴシャツをさがしています。」現在進行形 am, are, is + ...ing　look for …をさがす

「何色がよろしいですか。」　What color　何色

「私は緑色のものがほしいです。」would like …がほしい(のですが)　I'd は I would の省略

国語解答

第一回 問一 格段　問二 ア　問三 比較

第二回 問一 始(まる)　問二 ウ　問三 イ　問四 エ
※問二 副詞…様子・状態・程度を表す。「まるで」「特に」「ゆっくり」など。

第三回 問一 頻出　問二 皆が認める正しい道　問三 ア

第四回 問一 ①超(える)　②予測　問二 すばらしい　問三 イ　問四 日本は四季
※問二 形容詞は、終止形が「い」で終わる。「美しい」「うれしい」など。
問三 「しかし」「けれども」「だが」などは、逆の内容をのちに述べるための接続詞。

第五回 問一 ①命名　②こうせき　問二 イ　問三 イ

第六回 問一 ②寝　③罪　問二 ウ　問三 イ
※問二 アとイは推定の助動詞。ウは伝聞の助動詞。
問三 「あげ足を取る」相手の失言などをとらえて、からかったりなじったりする。
「胸騒ぎがする」心配や悪い予感のために、胸がどきどきすること。
「後ろめたい」心にやましいことがあり、気がとがめる。

第七回 問一 ウ　問二 ア　問三 ウ

第八回 問一 工夫　問二 エ
問三 本棚の整理が行き届いていたから。かなりの記憶力があったから。

第九回 問一 ①眺(める)　④未知　問二 ア　問三 五段活用　連体形　問四 ウ
※問三 「落とす」に「ない」を付けると「落とさない」直前の音がア段になるので五段活用。
「こと」「とき」などの体言に連なっているので、連体形。

第十回 問一 ②亜鉛　③衝突　問二 ア　問三 ウ

第十一回 問一 エ　問二 ア　問三 エ

第十二回 問一 ②黙(る)　③隠(す)　問二 イ　問三 ウ

第十三回 問一 ア　問二 エ　問三 イ
※問一 「①れる」、アは「受け身」、イ・エは「可能」、ウは「尊敬」。

第十四回　問一　エ　問二　欧米諸国ではリサイクルの概念に焼却を含まないから。　問三　イ

※　問一　「発生する」はサ行変格活用の連体形　アは下一段活用の終止形

イは下一段活用の連用形　ウは五段活用の命令形　エは上一段活用の連体形。

第十五回　問一　衆鳥高く飛びて尽き　問二　只有り敬亭山　問三　ア　問四　対句

※　問三　絶句は四句　律詩は八句

第十六回　問一　おもう　問二　イ　問三　①吉野山　②花(桜の花)　問四　ウ

※　問二　「や」は疑問を表す。「待っているのだろうか」

第十七回　問一　①イ　②ウ　問二　①ウ　②エ　③ア　④イ　問三　①イ　②ア

※　問二　直喩…「ようだ」などを使ってたとえる方法。

体言止め…行末を体言(名詞)で終える方法。

倒置…普通の言い方と、言葉の順序を逆にする方法。

第十八回　(例)

スマートフォンを持つことのメリットは、部活や塾の送迎の時親と連絡をとりやすいことです。デメリットは、ラインやゲームを長時間してしまい、勉強や睡眠の時間が少なくなることです。

私はルールを決めて利用したいと考えています。例えば、ゲームをする時間を決める、ライン通知は夜九時以降はオフにするなどです。これらのルールを守って利用することが最善だと私は思います。

第十九回　(例)

私が感動した本は『キュリー夫人』です。女性が学問をすることが難しい時代、研究ができる環境を開拓しながら、二度のノーベル賞を受賞した話です。

キュリー夫人の時代は、女性に学問は必要ないと考えられていました。そのような環境を一人で切り開いていく姿に感動しました。また、今の私は興味を持ったことを勉強することができます。それはキュリー夫人のような先駆者がいたからだと感謝しました。

第二十回　問一　①口(いくどうおん)　②錯(しこうさくご)　③夢(むがむちゅう)

④夕(いっちょういっせき)　⑤人(しはつく)　⑥髪(ききいっぱつ)

⑦耳(ばじとうふう)　⑧二(いっせきにちょう)　⑨万(せんさばんべつ)

問二　①世(せかい・せけん・よ)　②尊(そんぞく・そんげん・そんけい)

③素(そぼく・すなお・しろうと)

第二十一回　問一　①ウ　②エ　③イ　④オ　⑤ア　問二　①オ　②イ　③ア　④エ　⑤ウ

アンケートにご協力をお願いします！

　みなさんが、「合格できる問題集」で勉強を頑張ってくれていることを、とてもうれしく思っています。

　よりよい問題集を作り、一人でも多くの受験生を合格へ導くために、みなさんのご意見、ご感想を聞かせてください。

　「こんなところが良かった。」「ここが使いにくかった。」「こんな問題集が欲しい。」など、どんなことでもけっこうです。

　下のQRコードから、ぜひアンケートのご協力をお願いします。

 アンケート特設サイトはコチラ！　　　　　「合格できる問題集」スタッフ一同